まだ“エシカル”を知らないあなたへ

日本人の11%しか知らない
大事な言葉

デルフィス エシカル・プロジェクト 編著

はじめに

「脚光を浴びる、「エシカル」革命とは何か。」

2008年男性誌『PEN』のロンドン特集の中の一記事のタイトルである。

弊社は、トヨタ自動車グループの資本が入ったマーケティング会社である。1997年の新発売以来、トヨタ自動車プリウスの宣伝・販促を担当させていただいている。そのためプリウスが世に出てから、どんな人々に支持され購入いただいたのか、その時代背景と共に変遷を追いかけてきた。

例えば、1997年の京都議定書を契機とした環境意識の高まりや、2005年に流行語大賞にノミネートされた「ロハス」というコンセプトの拡散は、プリウスが普及するための重要なファクターではあった。

そんな中ユーザー・インタビューで徐々に聞こえてくるようになった、「少しでも社会のためになるならと思って、プリウスを買った」という購入理由。エコロジーやロハスという意識とも違う「社会全般に対する意識の高さや、社会問題への配慮」を、どう捉えるべきか、うまく言い表す言葉が見つからず、頭を悩ませていた。

そんな中、スタッフの一人が見つけてきたのが先の記事だった。
エコロジーやチャリティやフェアトレードなどを含有した、倫理的に正しいライフスタイル「エシカル」が、ロンドナー（ロンドンの住民）の間で「クール」な存在として脚光を浴びていること。きっかけはU2のボノなどセレブが、「エシカル」という言葉を浸透させたこと。環境や人道など世界規模の問題に対しても、身の丈にあったレベルから貢献できることが、ロンドナーの支持を広げていること。

この聴きなれないエシカルが、まさしく探していた価値観・意識ではないか、と直感した。これをキッカケとして、弊社内で有志を募り、調査研究をする「エシカル・プロジェクト」を発足することとなった。

「Ethical（エシカル）」を辞書で引くと、

1　a　倫理的な、道徳上の
　　b　倫理学的な、倫理学上の
2　道徳基準にかなった、道徳的に正しい。
3　〈薬品が〉医師の処方によって（のみ）販売される。

とあり、類似語はモラル（moral）となっている。

（出典：Weblio・研究社　新英和中辞典）

日経BPネット「時代を読む新語辞典」では、新語ウォッチャーのもりひろし氏が、2008年3月4日付で「エシカル」をこう紹介している。

「本来、エシカル（ethical）という言葉は「道徳上の」とか「倫理的な」などを意味する形容詞だ。ところが近年、この言葉が、英語圏において少し踏み込んだ意味を持つようになった。環境や社会に配慮している様子を表すというのだ。

例えば、エシカルインベストメント（倫理的投資）やエシカルコンシューマー（倫理的消費者）などの語は、環境保全や社会貢献に寄与する投資や消費者を表す。（中略）

このエシカルという接頭語は、今後、日本でも登場機会が増えるかもしれない。環境と社会への配慮を幅広く言い表せる概念であるからだ。

例えば「エコ」や「グリーン」などの言葉は、環境への配慮を表すことができるが、社会問題全体を扱うことはできない。またロハス（健康と持続可能性を重視するライフスタイル）の場合も、社会問題全般を扱うにはやや範囲が狭い。一方でエシカルは、これらの言葉がカバーできなかった「広範な社会問題や社会責任」を一言で言い表せる。」

（出典：http://www.nikkeibp.co.jp/style/biz/abc/newword/080304_40th/）

その他、日経MJで「エシカル消費」に関する記事を執筆された日本経済新聞　編集委員兼論説

委員の石鍋仁美氏は、

「エシカルとは倫理的、道徳的という意味の英語だ。地球環境に配慮する「エコロジー」を起点に、社会や人間の問題も視野に入れ、進化した流れがエシカルといえる。貧困や児童労働、伝統や職人技の再評価、地域コミュニティの維持・再生などが主なテーマになる。」と捉えられている。

（出典：大阪ガス株式会社　生活・エネルギー研究所発行　『CEL　2012年1月発行』）

また、働く女性のための情報サイト「カフェグローブ.com」の初代編集長の青木陽子さんはご自身のブログで、

「『自分のことだけじゃなく、人や地球のことを考えて、自分の振る舞いを決める』というような、視野の広さや賢さを感じさせるのが、「エシカル」という言葉に含まれるニュアンスではないかと思うのです。今日本でよく言われる「地球にやさしい」や「エコ」に近いんですが、それらのほんわかしたニュアンスよりもう少し、問題の本質を正面から見極めようとする積極性のある感じ。受け身じゃなくて、能動的。」と紹介。

（出典：http://www.cafeblo.com/mt/archives/fromeditor/2009/04/ky.html）

以上のように、広範な社会課題に積極的に関与する姿勢や行動を示されている。

後ほど詳しくご紹介するが、「エシカル」という形容詞に、これらの新たなニュアンスが加わったのは、イギリスに端を発するといわれている。それが日本に輸入され、日本ならではの解釈・編

集が行われ、徐々に日本独自のエシカルへと発展・昇華されようとしていると我々は考えている。

本書は、当プロジェクトが今まで行ってきた調査・インタビューをもとに、「エシカル」について全く知らない方々にも理解していただきやすいよう、入門書として書いた。

第1章では、調べていくうちに気づいた、「エシカル」な意識を持った若者が目立ち始めていることについてご紹介する。ボリュームこそ減ったとはいえ、世の中を変えていくのはやはり若者の意識・行動によるところが大きい。そういった意味でも、このエシカルな若者たちの出現は、今後の社会動向やマーケティングに重要な示唆をもたらすだろう。

第2章では、「エシカル」というコンセプトの起源や、日本における拡がりを時系列に沿ってご説明する。

第3章では、プロジェクトにて実施した日本初のエシカル実態調査から、「エシカル」がどう捉えられ、どんなポテンシャルを期待できるかをまとめた。

第4章では、新たな社会現象として注目され始めた、「社会起業家たち」へのインタビューから、彼らの想いを把握していただきたい。

第5章では、企業や団体による昨今のエシカルなアプローチをご紹介する。

第6～7章では、今後企業が「エシカル」に取り組むための考え方やあり方をご提示したい。これは理想論と受け取られるかもしれない。ただ、時代の大きな方向性の一つとして、各自・各社の課題をエシカルという視点でシミュレートいただくだけでも、有効と考えている。

本書を書き始めた2011年は、20世紀からの決別を示唆するような様々な出来事が起こった。ジャスミン革命に驚き、東日本大震災に怯え、放射能不安に苛まれ、1万人という予想以上の規模に膨れ上がった反原発デモに賛同し、超円高を憂い、ニューヨークから始まった反格差社会デモに共感を感じる……。

ますます閉塞感や将来不安が漂う中、既成概念や既得権にしがみつこうとしているのは、自分たちも含めた大人たちであって、実は若者は前を向いて、明日を良い方向に向けようとしている、と感じることが多い。旧来の価値観ではもう日本は変えられないと思い始めてから、ますます若者へのエシカルの浸透がその変革の一端のように感じている。

本書が、エシカルという考え方の拡散・浸透の一端を担い、様々なエシカルなトライアルが湧き起こることを期待している。さらには社会変革を志す若者のヒントとなってくれたら。そして2012年以降の日本が、世界が、明日が良い方向へと向かう一助となれば、とても嬉しく思う。

デルフィス エシカル・プロジェクトリーダー　細田　琢

もくじ

第1章

「エシカル時代」
到来の実感

「社会貢献はカッコいい」という若者の出現

ボランティア活動に集う若者たち。

昔テニサー、今ボラサー。

その大学生は、「『エシカル』について話が聞きたい」と連絡をしてきた。

1回生ながら経済系のゼミに属しており、企業に新たなビジネス提案をする課題が出ている。『エシカル』を提案のテーマとして考えているので、弊社のエシカル・プロジェクトについて教えてほしい、と趣旨を語った。

会ってみると、まだスーツが似合わない、フツーの10代の大学生だった。

「もともと社会貢献に興味があって、マザーハウスの山口絵理子さんにあこがれて、大学に入る前、インドにボランティアに行きました。ゼミの課題で、同じ想いを持った若者向けのツアーを旅行会社に提案したい、と思って調べているうちに、『エシカル』をみつけました。」

「海外ボランティアしたい、という若者はそんなにいるの?」

「聖地巡礼ってあるじゃないですか。あれと一緒で、あこがれの社会起業家と同じ国、同じ場所で汗を流したいという人は少なくないと思います。ウチの大学では公認ボランティアサークルが15団体あって、一番大きなサークルは海外ボランティアの活動をしている団体ですが、１００人以上のメンバーが在籍しています。またクラスの半分位が何かしらのボランティアサークルに属しています。」

　と話してくれた。

　意地悪く、聞いてみた、

「ボランティア活動が盛んなのは、就活の一環として？」

「就活の一環としてやっている子もいますけど、純粋にボランティアすることが楽しいから、という子の方が多いと思います。」

　と、さらっと答えてくれた。

　昭和の終りに大学生だった筆者にとって、この会話は衝撃だった。１９８０年代当時、クラスの半数はテニスサークルに属し、ロゴの入ったおそろいのスタジャンを着込み、テニスラケットを腕に抱え、キャンパスを闊歩していた。それから30年、２０１０年代のキャンパスでは、ボランティアサークルが主流というのである。

　２０１０年秋、都内で行われた国連MDGsレビューサミット特別イベント「世界の貧困は、減らすことができたのか?」に出かけた。国連MDGsとは、2000年9月の「国連ミレニアム宣言」を受け、2015年を期限とする8つの目標（貧困や飢餓の撲滅、ジェンダーの平等、女性の地位向上、幼児死亡率の削減、HIV／エイズ、マラリアその他疾病の蔓延防止等）のこと。このイベントは国連本部で開催されたMDGsレビューサミットに合わせて、進捗報告会として開催された。平日の午後開催ではあったが、会場には熱気が漂っていた。主催者である国際協力NGOセンター（JANIC）のサイトによると、当日の来場者は250人を越えていたとのこと。

そして、その会場で目についたのは若者だった。

平日の昼間、なぜこんなに若い子たちがたくさん来ているのだろうか。マジメそうな子やお嬢様風な子のほかにも、イマドキ風の男子、ギャル風の女子もいる。見た目の多種多様さから、「授業の一環で動員されているのだろうか、その割にはみんな熱心に聴いているな」くらいに思っていた。

休憩時間に入っても、NGOやNPOのPRブースで熱心に話しこんでいたり、顔見知り同士で歓談をしている。何の気なしに耳に入ってくる会話は、それぞれが携わっているボランティアの情報交換のようだ。授業の一環というより、自主的に参加していることが伺えた。硬軟取り混ぜたイマドキの若者たちが、貧困という社会課題をテーマとしたイベントに集っている。筆者の学生時代にもこの種のイベントに参加している人はいた。ただ参加者のタイプは決してこんなに幅広くはない。もっと偏っていたはずだ。

もう少し事例をご紹介したい。

ＣＳＲビジネス専門誌の『オルタナ』の森摂編集長はこんな話をしてくれた。

「２００９年、ＢＯＰ（Base of the Pyramid の略。開発途上地域にいる低所得層を意味する）ビジネスをテーマとするセミナーを開催しました。参加者のほとんどはビジネスマン。その中に一人だけセーラー服の女の子がいたのです。思わず声を掛けたら、『大学でＢＯＰビジネスに取り組みたい』と、答えてくれました。」

「今の日本は将来が見えない。この20年、ほぼゼロ成長で、ＧＤＰはマイナス５％くらい。そうなると若者はデモやアナキズムやカルトに走ったりするもの。その中、世の中を良くしようという意識を持って、社会問題に取り組む子供たちがいる。まだ小人数かもしれませんが、社会問題を解決しようとする若者がいることは、ある意味で奇跡です。」

若者にとって、社会貢献はあこがれだ。

２０１１年、学生のボランティア活動は、全国１１８館で公開された映画になった。

「僕たちは世界を変えることができない

But, we wanna build a school in Cambodia.」

向井理さん主演、２０１１年９月に封切られたタイトルである。

キャッチコピーは、「だから、みんなで笑顔をつくった。」。

原作は、１９８４年生まれの葉田甲太氏によるノンフィクションで、最初自費出版にて発売され、２０１０年に加筆されたものが小学館で出版された。

「バイトやコンパをして日々を過ごしている普通の医大生である主人公が、１５０万円を集めることができればカンボジアに学校を建てることができることを知る。一念発起し仲間を募り、チャリティーイベントを始めたが、奔走する中で自分と社会を見つめなおすこととなる、実話をもとに描かれた奮闘記。」というあらすじである。

オルタナ TOP 画面

２０１１年４月、弊社は『オルタナ』と組み、若者向けの『オルタナS』というメディアを立ち上げた。「昨日と違うスイッチを探そう。」をスローガンに、若者による社会変革を応援するWEBメディアである。

その『オルタナS』では、社会貢献やボランティアを行っている学生団体やサークルの活動紹介を公募し、掲載。読者からの「いいね！」やツイッターのＲＴ（リツィート）の数によるランキングを展開している。この公募は、さほど広く伝達できなかったにもかかわらず、２週間で全国から40を超える団体から集まった。彼らの伝達力の速さと共に、関心の高さに驚かされた。

学生に何が出来るんだ、と思う方もいるだろう。

ただ、映画の主人公やボランティアサークルの若者たちは純粋で一途だ。

「知ってしまった以上は、放っておけない」、

「他人から感謝されることで、自分ができることを見つけられた」

そして、「社会貢献はカッコいいと思った。」という。

１９８０年代、尾崎豊さんは、バイクを盗み、学校の窓ガラスを壊すと歌い、当時の若者の支持を集めた。その息子の尾崎裕哉さん（１９８９年生まれ）は、「人種・貧困・環境などの社会問題を【音楽】という手段で解決したい」という夢を語っている。

21世紀、若者の特権だった「反抗」は、世の中を良い方向へと変えていく「貢献」と姿を変えたというのは言いすぎだろうか?

80世代が作る、新しい「成功のロールモデル」。

「途上国から世界に通用するブランドをつくる」ということをミッションとして、2006年に起業されたアパレルメーカー「マザーハウス」。社長の山口絵理子さん（1981年生まれ）。TBS系列の「情熱大陸」でその生きざまや途上国で奮闘される姿が取り上げられたことでご存知の方も多いであろう。また自叙伝やエッセイも出版されている社長兼バックデザイナーである。2011年にはシュワブ財団の「ソーシャル・アントレプレナー・オブザイヤー2011」の日本代表に選ばれた。冒頭で紹介した大学生が「あこがれ」と語る若い起業家である。

マザーハウス　山口絵理子さん

「マザーハウス」の起業は、山口さんが国連機関でインターンをされていたころに感じた「寄付のお金がどこに届いているかわからない」という疑問から始まっている。実際にバングラデッシュに行って、支援が行き届かない状況を自分の目で確かめて、「ビジネスで何とかこの国を良くできないか」と思い立ったことが発端だという。そしてバングラデシュでジュート

（麻の一種）という素材に出会い、「ジュートでかわいい、かっこいいバッグを作って、それが売れたら彼らの自立につながるのでは」と考えた。

山口さんの大学のゼミの先輩であり、一緒に起業した山崎大祐代表取締役副社長（１９８０年生まれ）は起業当時を振り返る。

「山口は最初からしっかりビジネスの形をと考えていたわけではなく、とにかく『いいバッグを作って売れればいいじゃないか』ということだけだったんです。それを僕のところに持ってきては、僕がまとめて買い取って友達にあげたりしていました。なので最初の顧客リストとか見ると僕だらけ（笑）。そうするうちに、２人で会社作ろうかということになりました。」

「これまでにいくつかの転機がありますます。１つ目は２００７年３月に商品数を増やし、商品をフォーマルからカジュアル側へ一気にシフトしたとき。２つ目が自社の店舗をオープンしたときですね。それ以降、お客様からフィードバックが集まるようになってきて、いいものを作るベースができました。３つ目は新宿の百貨店に店舗を出し、通りすがりのお客様にビジネスをする必要性が出てきたときです。そして最後は自社工場が完全に回るようになった今ですね。ものすごい勢いで商品開発ができるようになりました。」

「２〜３年前と比べると品質は格段に良くなっています。初期の頃、買っていただいたお客様は『（商品に）ストーリーがあるから』と品質の面で我慢してくださった。すごくありがたい、本当にいいお客様なんですよ。でも今、単純にうちのバッグを使ってみて、「とてもいいからほかの人にも薦めたい」と言ってくださるお客様の声が上がっています。」

マザーハウスを誘致した、小田急百貨店新宿本店の安藤寛之氏は当時について語った。

「当店のターゲットである新宿西口OLに彼らの物語に共感してもらいたかったんです。当時山口さんは25歳でしたが、彼女の頑張っている姿は「私も頑張ろう」という共感マーケットに合致すると思ったんです。インポート・ブランドと闘ってもまだ勝ち目がない。だけど、マザーハウスには、「女の子のかっこいい社長像」がある。とにかくファンがたくさんいる。応援するために買うといってくださるファンがたくさんいました。」

NPO法人『かものはしプロジェクト』村田 早耶香さん

創業以来、マザーハウスの業績は着実に伸びている。2010年の業績は2・5億円。2011年現在、日本に7店舗、台湾台北に1店舗展開している。彼らのストーリーは多くの共感を生み、商品のクオリティの良さも評価され、業績へとつながっている。また同社の社員の多くは自分自身が山口さんやマザーハウスのファンであるために、モチベーションも愛社心も当然高い。

カンボジアで児童売春と貧困という課題に取り組むNGO

「かものはしプロジェクト」共同代表の村田早耶香さん（１９８１年生まれ）は若者の社会起業家に対するあこがれについて、こう語ってくれた。

「いまでこそ社会起業家という言葉が広く認知されるようになりましたが、日本で認知されたのは、写真家の渡邊奈々さんが、２０００年に雑誌『ＰＥＮ』で社会起業家の特集記事を掲載したことが始まりだと思います。

２０００年というのは私たち80年代生まれが働き方や生き方を選ぶ時期であり、ちょうど就職氷河期でした。成長し続けていた時代と異なり、社会全体に閉そく感があり、お金を稼いでも幸せになれない、ブランド物を買っても満たされない、そんな気持ちが日本人の意識の中に浸透してきた時代だったように思います。そんな中での就職活動だったため、「働く意味」を考える機会が多くありました。そこに、社会に貢献できる社会起業家というスタイルが20代の心に響いたのではないでしょうか？」

「私たちの世代は、何のために働くのかと考えたときのキーワードが「幸せ」である人が多いことが、社会の役に立つことを重視する一因になっていると思います。給与が低めでもそれなりに生活できるならば、社会の役に立つことをやりたいと思う人が多いのではないでしょうか？」

「マザーハウス」の山崎氏にも、なぜ80年世代に社会起業家が多いのかを尋ねてみた。

「物心ついた時にバブルが崩壊し、僕が中学生のころはリアルに同年代らの援助交際がありました。高校生の時には金融危機が、大学生の時は911が起こって、さらに就職氷河期。ずっと社会が右肩下がりなんですね。

ITバブルも崩壊したし、基本的に経済社会に対して希望を持っていません。この会社に行けば終身雇用で安泰とはそもそも思っていないし、僕の周りの人間を見てもそうですね。そういう背景から、いかに自分が社会的に生きるかとか、どう社会に対して付加価値を付けるかということを考える世代だと思うんです。」

山崎氏自身は、大学卒業後、外資系金融企業に就職、エコノミストとして活躍の場と十分な収入を得ていたという。マザーハウスを起業して、彼の中で何が変わったのか。

「社会とのつながり方が違うということでしょうか。今は自分たちの力で社会に付加価値をつけなくてはいけないと思うし、みんなで一生懸命に物語を作っている感じです。」

『社会貢献でメシを食う〜だから、僕らはプロフェッショナルをめざす』の著者であり、週刊ダイヤモンド・オンラインで「社会貢献を買う人たち」というコラムを連載されている竹井善昭氏は、弊社発行のエシカルレポートで、次のような分析してくれた。

「状況が変わったのは2006年頃。特に2008年〜10年の激変ぶりは凄まじい。大学生と30

代女性を中心として、これまでの社会セクターにはあまり見られなかった類の人たち、ギャルとギャル男、大手企業のキャリア女性、外資系のコンサルや金融マンなどが、熱狂的に社会貢献活動に参加するようになった。社会貢献の第3世代の登場だ。

社会貢献の第3世代の特徴は、「ビジネスの視点」と「社会貢献はカッコいいという感覚」の2点に集約される。

これまで、日本のNPOや市民団体は、社会貢献をビジネスとしてとらえてこなかった。ビジネスとは商業主義、儲け主義であり、自分たちの活動とは違うと考えていた。収益という発想もなかった。NPOは非営利だから儲けてはならぬという考え方も日本社会に定着し、NPOで働く人も無償のボランティアであるべきだという偏狭な社会通念を作り上げてしまった。結果的に資金の集まりにくい、持続可能な活動が困難な状況を作ってしまった。

そこに社会起業家が登場する。さまざまな社会問題をビジネスの手法で解決するという社会起業家の発想は新鮮で衝撃的だった。持続的な社会貢献活動には「利益」が必要。ビジネススキルも必要。社会貢献で「メシ」を食うのは正しい。ビジネス世界の常識は、非営利の世界でも正しい。むしろ、ビジネスの発想こそが世界を変える。

社会起業家のそんなメッセージを、若者や30代を中心とした高いスキルを持つビジネスマン、ビジネスウーマンが熱狂的に支持した。社会セクターと縁遠かったこれらの人たちが、熱狂的な社会貢献フリークへ変身した。」

２００６年は、時代の寵児であった堀江貴文氏が逮捕された年でもある。既得権益に縛られた社会を変革しようとした行動は、若者を中心に多大な支持を得た。しかし、彼をもてはやしたマスコミは持ち上げるだけ持ち上げ、神輿の上からたたき落とし、司法は犯罪と断じた。断片的に垣間見えた生活もバブル時代を彷彿とさせ、拝金的に見えたことも、支持者を醒めさせた原因のように思う。また、ライブドア事件以降、若者による起業は色眼鏡で見られることになった。

この堀江氏の盛衰は、若者たちの成功のロールモデルを社会起業家へと移した。キチンと利益を上げ、一定レベルの生活は担保しつつ、持続的な社会問題解決を図ること、それによって他者から感謝される道を選ぼうとしている。

彼らは、自分ができることは限られているし、国家レベルでのＯＤＡに比べれば、その影響力は小さいものと理解をしている。ただ、若者という立場で、世の中に発信することで、周りに気づきを与え、社会問題解決へのきっかけとなることを願っている。そして、何人かの先駆者は実際その夢を叶え、賞賛されているのだ。

老若男女に広がる社会関与意識

７割の人々が「社会の役に立ちたい」。

２００８年内閣府から発行された国民生活白書『消費者市民社会への展望～ゆとりと成熟した社会構築に向けて』にて、「消費者市民社会（consumaer Citizenship）」への転換が提言されている。同書によれば、「個人の利益よりも国民全体の利益を大切にすべきだ」という公益優先的な考えを持つ人の割合は２０００年を底に上昇を続けており、２００８年に初めて50％を超えた。（図表１－１）

題名にある「消費者市民社会」とは、消費者・生活者が社会問題、多様性、世界情勢、将来世代の状況などを考慮することによって、社会の発展と改善に積極的に参加する社会である。

例えば２００１年のエンロン事件のように、利益追求が社会全般に最悪のインパクトをもたらす事件や、世界規模の自然災害など、世界中で助け合わねばならない状況が増えていることにより、社会への配慮が高まりつつあることが、数字の押し上げに寄与していると報告されている。

図表 1-1　個人の利益よりも国民全体の利益を大切にすべきという人が 5 割を超える

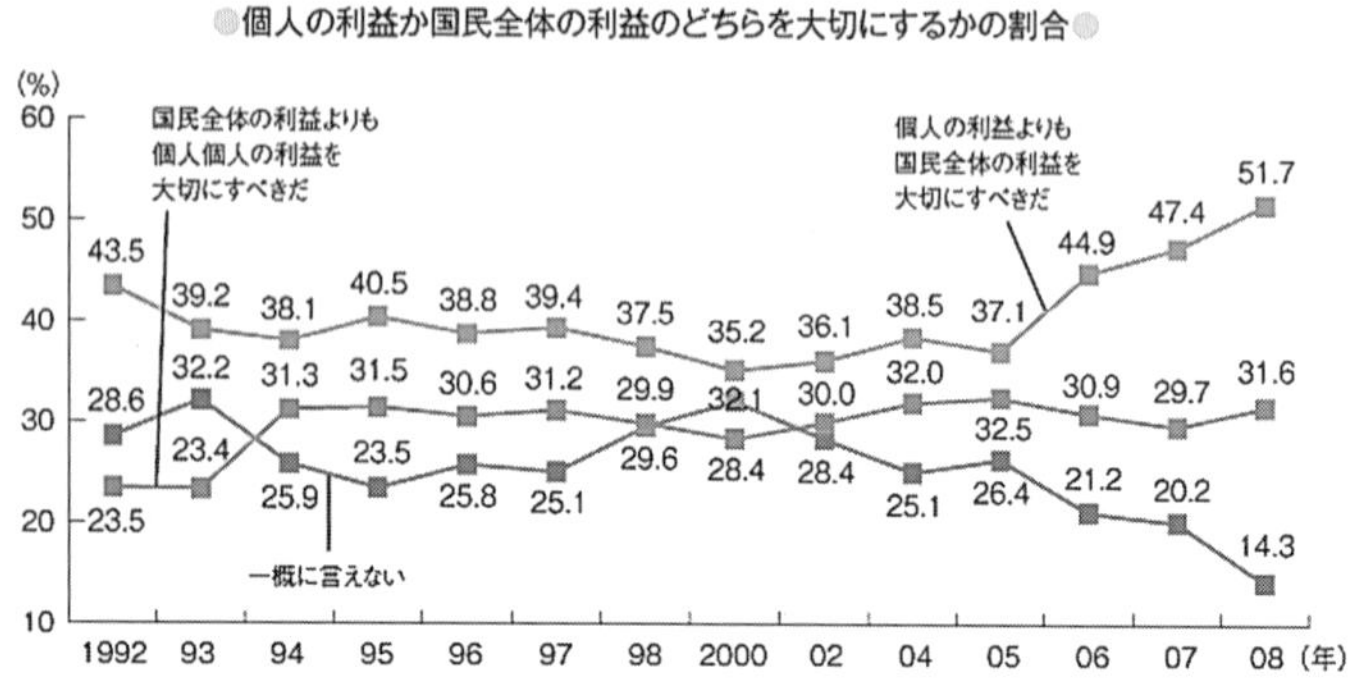

（備考）　1. 内閣府「社会意識に関する世論調査」（2008年）により作成。
2. 「今後、日本人は、個人の利益よりも国民全体の利益を大切にすべきだと思うか、それとも、国民全体の利益よりも個人個人の利益を大切にすべきだと思うか。」との問に対し、回答した人の割合。
3. 回答者は、全国の20歳以上の者。

図表 1-2　自分の消費行動で社会は変わると思っている人が 6 割

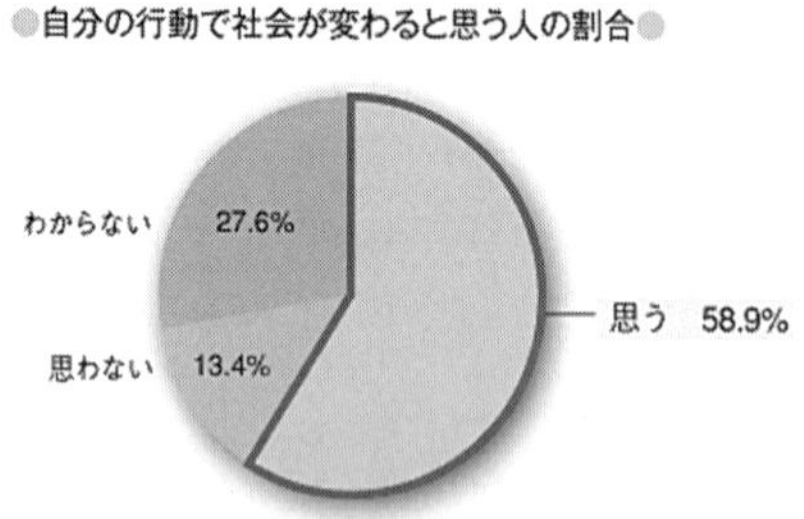

（備考）　1. 内閣府「国民生活選好度調査」（2008年）により作成。
2. 「あなたは、事業者の環境問題への取組みや法令順守の状況などの要素も考慮した消費行動を、ご自分が行うことによって、社会が変わると思いますか。（○は1つ）」との問に対し、回答した人の割合。
3. 回答者は、全国の15歳以上80歳未満の男女4,163人（無回答を除く）。

図表1-3 社会への貢献意識

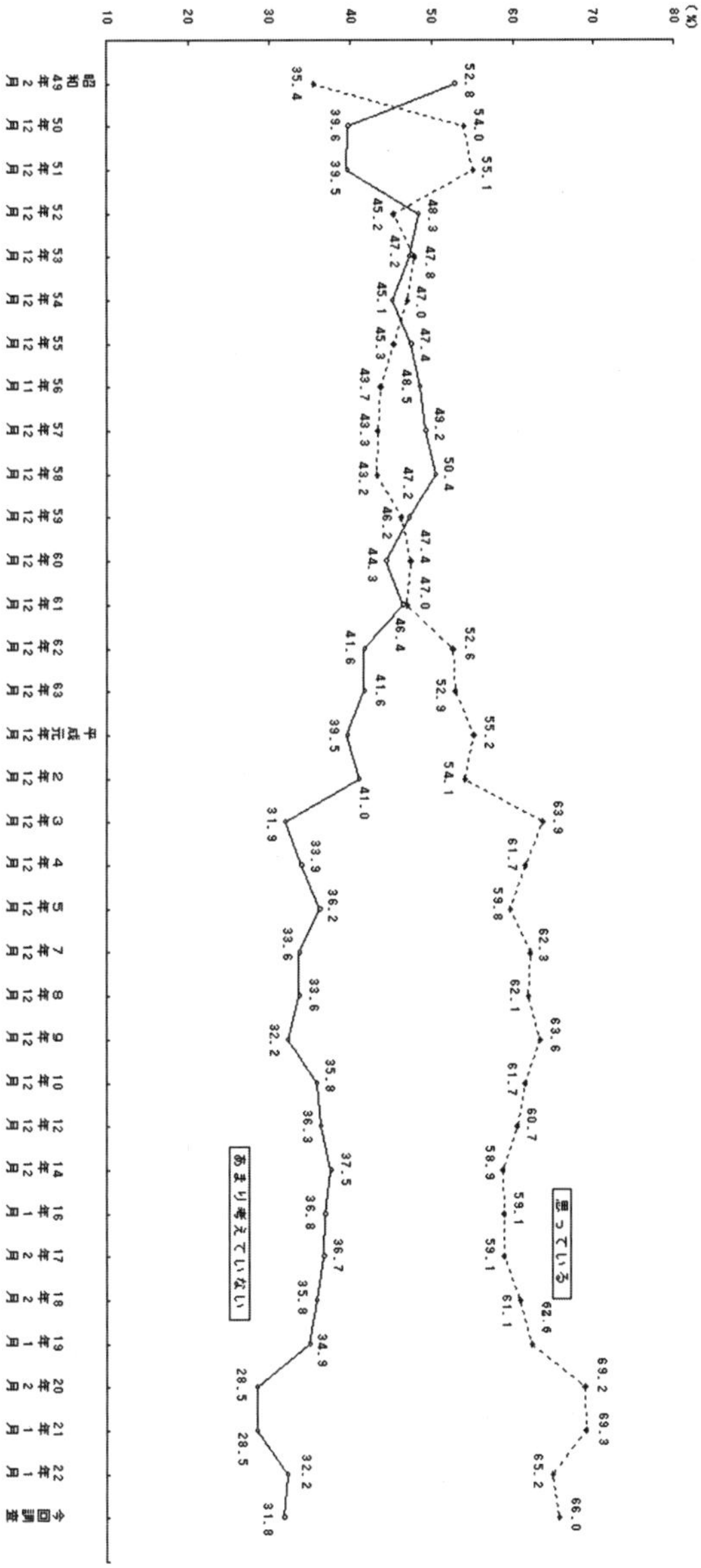

図表 1-4　内閣府調査「社会への貢献意識」（2000 年・2009 年比較）

	2000年	2009年	差分
全体	60.7	69.3	8.6
男性	61.3	70.7	9.4
女性	60.2	68.0	7.8

〔年齢別〕

20～29歳	50.8	64.0	13.2
30～39歳	59.4	66.6	7.2
40～49歳	69.9	73.0	3.1
50～59歳	67.0	73.2	6.2
60～69歳	63.2	74.7	11.5
70歳以上	46.2	59.0	12.8

また、「自分の消費行動で社会は変わる」と考える人は約6割にのぼっており（図表１－２）、商品・サービスのなりわいや、企業の環境対応や法令遵守の状況を考慮したいという人は増えている。自ら社会のために役立ちたいと感じ、企業にも社会的責任を求める意識が高まっているのである。

同じく内閣府の「社会意識に関する世論調査」によると、「何か社会のために役に立ちたい」と考える人は、１９８６年（47％）から右肩上がりに増加し、２００９年に69％とピークに達した。２０１０～２０１１年度では若干下がったとはいえ、66％の人が「貢献したい」と答えている。（図表１－３）

では、この「社会の役に立ちたい」意識を押し上げたのは、誰か？

２０００年度と２００９年度の年齢別の比較を見ると、２０００年度全体61％から8％引き上げたのは、

20代が＋13％、30代＋7％、60代＋12％、70代13％と、若者とシニアの社会貢献意識の高まりが大きく関与していることが伺える。（図表1－4）

特に「貢献したい」と答えた20代のボリューム自体は、2009年でも64％と、実は他世代より低い。いくつかの事例を紹介させていただいたが、若者の意識転換が社会に与えるインパクトを強めていることが伺える。

新しい社会貢献のカタチ

近年、「プロボノ」という新しいボランティアが盛んになり始めている。「プロボノ」とは、ラテン語の「公益のために」を意味する「pro bono publico」の略。もともとは弁護士、税理士、コンサルタントなどの専門知識を有する人々が無報酬で行うボランティア活動を指した。しかし、それらは2000年頃からアメリカで、「NPO・NGOに対して「お金」を支援するのではなく、個人が有する「スキル」や「ノウハウ」を提供することによって支援する」ことが普遍化。これにより、提供する側の分野が広がり、営業、調査、企画、総務、人事、広報、IT など、多くのホワイトカラーに活躍の機会が与えられた。

日本では、プロボノ希望者をNPO・NGOなどに仲介するサービスの登録者数が2010年に前年の2・5倍になるなど、大きく伸びた。NHKの「クローズアップ現代」でも特集され、「プロボノ元年」と呼ばれている。

ボランティアとプロボノとの違いは、提供側の職能を生かすかどうかにある。ボランティアとは、参加者の能力如何にかかわらず、「時間」の提供を意味する。一方プロボノは、その人が自分の持つ「業務のスキル」を提供する。

『フェイスブック　私たちの生き方とビジネスはこう変わる』の著者、イケダハヤト氏（1986年生まれ）は、フリーで働くソーシャルメディアの専門家であり、いくつかの非営利団体のプロボノを行い、そしてプロボノ参加の機会づくりを仕掛けるネットワークを主宰している。

「ボランティアに興味がなかった」と語る彼は、ソーシャルメディアの事例を調べていくうちに、海外のNPOの巧みな使い方に魅かれた。予算がない分、創意工夫することで、人の心に訴えるプロモーションが多い。そしてプロボノという参加形態を知り、自分のスキルを活かすチャンスと考え、また自分へのフィードバックも期待しつつ、自分のプロフィールに「プロボノがやりたい」と書き込んだのが発端だ。

彼のブログ「ソーシャルウェブが拓く未来」で2011年11月こう記されていた。

「書籍執筆も落ち着き、今年の収入もそこそこ確保できたので、年度内はプロボノ活動にもう少し注力します。3月までは稼ぎ3割、プロボノ7割が目標です。」

詳しくは後述するが、弊社「エシカル実態調査」によると、「エシカルに興味あり」と答える人は半数を超えるが、実践している人は3割未満という結果が出ている。年齢別で見ても若者の実践率は高くなく、実際にボランティアなど活動している若者は、大学生でもほんの一握りかもしれない。しかし、それは我々が想起しやすいある種の限定的な集まりではない。先に紹介したMDGsのイベント来場者から見ても、幅広い層に浸透し始めていることが伺える。

東日本大震災前後のエシカル

2011年3月11日以前のエシカル

2010年秋日経MJにエシカル消費に関するコラムが連載された。様々なエシカルマーケティングの事例とともに、当プロジェクトもそのコラムの中で取り上げていただいた。この記事をきっかけとして、急速に「エシカル」という言葉のメディア露出が増えた。ただ、2011年2月に早くもNHK「BIZスポ」で「消費を変えるキーワード?エシカル」という特集が組まれたのは、びっくりした事を覚えている。

NHKの解説主幹である関口博之氏と、ゲストは、社会起業家の育成や支援を行っている、シンクタンクソフィアバンク、社会起業家フォーラムそれぞれで副代表を務めている藤沢久美氏と、作家・女優である室井佑月氏、日本精工　特別顧問／工学博士の町田尚氏の3名であった。

「モノを買うことが社会貢献につながる、という「エシカル消費」が広がっています」という紹介VTR後の対談が当時の空気感をあらわしていたと思う。

室井氏は、企業の善意が（販売促進の）手段に見えてしまうと指摘。「儲けるところは儲ける」「寄付するところは寄付する」とわけた方が自分には受け入れられる。また、自分より弱い人をみつけて、ちょっと優位に立ちたいというところが見え賛同できない、という趣旨のコメントをされた。

これに対し、藤沢氏は、商品とセットにすることによって、寄付をする機会や、寄付について考える人が増えるということに、意味があると思う。またわりと売上げが伸びるという話もある。消費が伸びるってことで、企業にとっても、気持ちよく消費した人にとってもプラスになるんじゃないか、と答えている。ただ、消費者側が、きちんとお金が寄付に回されているのか、そして企業が儲けるためだけにやってないかという監視・監査をしていく必要があるとも語っている。

最後に関口氏が、生半可にはじめるのは良くない。単に販売促進の手段にしたら、見透かされるわけで、本気度が問われると締めた。

「現状では賛否両論あります。今後の動向を見守っています」という中立的な文脈ではあったが、NHKが取り上げたことで、さらにエシカルが押し進められると確信した。さらに、室井氏の発言に対しての共感もあった。

エシカル・プロジェクトを立ち上げて2年余り、若き社会起業家のインタビューや調査を通じて、新たな潮流が起こりつつある予感はあった。ただ、一消費者としては、胡散臭さを嗅ぎ取ることもあり、諸刃の剣と感じてはいた。プロジェクトメンバーにもマーケティング活用に否定的な立場を表明している者もいた。多くの企業が真摯に取り組んでいたとしても、1プレーヤーが踏みにじった場合、すべて批判対象になる可能性は否定できない。

前述の『国民生活白書』にもあったように、近年消費者からの「企業の環境対応や法令遵守の状況」に対しての目は厳しくなっている。そして、ソーシャルメディアの浸透は、「不手際や不祥事、瑕疵に関する情報は瞬く間に衆知される」時代へと変化した。話題稼ぎの安直なコーズマーケティングによって、エシカルという流れがせき止められる、一過性の販促手段のひとつとなってしまうことに懸念を感じていたのだ。

ソーシャルメディアから自然発生した震災支援

3月11日、筆者も外出していたが、運よく1時間ほどの徒歩で自宅まで帰ることができた。このとき、リアルタイムでツイッターを見ていた方はご理解いただけると思うが、帰宅者向けに、公共交通や渋滞の状況、開放されたトイレや公共施設の情報などがツイートされた。この善意のツイートには、助けられ、励まされ、とても感謝した。

IT mediaニュースでは、「NECビッグローブが4月27日発表した震災後1カ月のツイッター利用動向調査によると、3月11日、投稿されたツイートは普段の1・8倍に達した。ツイッターでは、安否確認に使われたほか、マスメディアやネット上の情報を組み合わせて有用な情報を発信・共有していく新しいスタイルが定着したようだ」といった趣旨の記事が書かれている。

（出典：2011年4月27日掲載「3月11日、ツイート数は1・8倍に　新しい情報共有スタイル定着」）

翌12日にはツイッターを中心に「ヤシマ作戦」が立ち上がった。

当時、東京電力は地震の影響で一部の発電所がストップし、電気の需給が「極めて厳しい状況」が予測されるとの発表。特にピーク時間帯の午後6〜7時の需要に対して100万キロワットが不

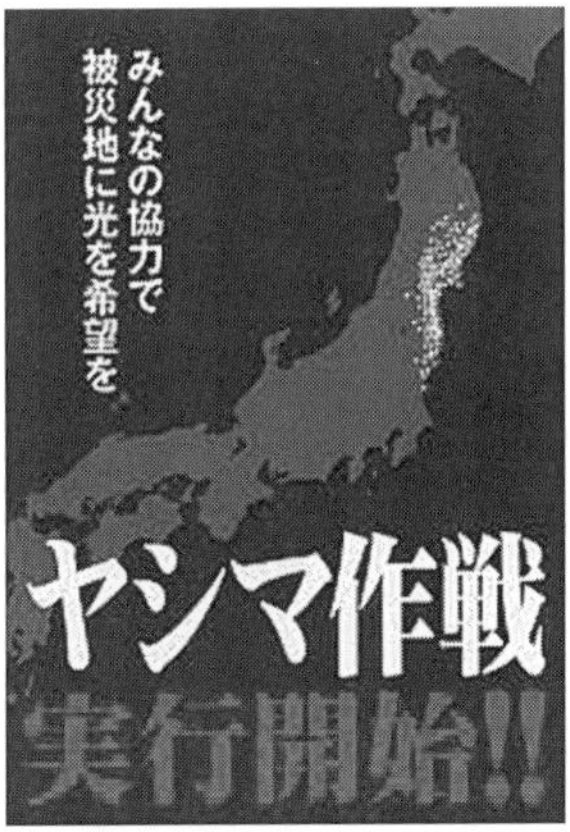

足する異例の事態に陥った。このため、東京電力は一般家庭に対しても、不要な照明や電気機器の使用を控えるなど、節電への協力を呼びかけた。

これに対し、ツイッター上で「ヤシマ作戦」と名付けた節電の呼びかけが始まった。ヤシマ作戦とは、アニメ「新世紀エヴァンゲリオン」に登場した作戦名。超長距離射撃のために日本中から電力を集めた作戦になぞらえ、ピーク時間帯の電力使用を極力避けるなどの節電協力が拡散。「エヴァンゲリオン」の版権元もこの活動への賛同し、名称や題字の使用許諾を認めたため、当作戦名を使用した画像がボランティアで制作され、認知や拡大に一役買った。

さらに数日後「ウエシマ作戦」が発動。

これは首都圏で発生した「買い占め」に対して譲り合いを呼びかけたもの。元ネタは、ダチョウ倶楽部が過酷なリアクション芸を要求されたときに、メンバー間で「オレは絶対やらないぞ!」「それだったらオレがやるよ!」「いや、オレがやるよ!」「じゃあ俺も……」「どうぞどうぞ!」と結局は上島竜兵氏がやることになってしまうというギャグ。この「どうぞどうぞ」から派生し、食料品や日用品、ガソリンや灯油など数が限られた品物をみんなで譲り合おう、というもの。ガジェット通信の記事によると、この『ウエシマ作戦』は、3月15日19時頃に1ユーザーのツイートから〝発動〟し、約3時間でリツイート数はすでに1万3000回を超えた。

また同じ目的で、買い占めをする前に立ち止まって考えることを呼びかけるポスター「STOP PANIC BUYING」がPDFファイルでネット上で配布された。コミュニケーションプランナー高広伯彦氏が発案・制作したものだが、賛同者からさまざまな図案のポスターが自発的に制作され、「70年代のオイルショックのようなこと、繰り返しちゃいけないと思います」「今、僕らが相手にしなくちゃいけないもののひとつは〝人災〟なんで」といったメッセージが書かれていた。また自宅でプリントアウトし、スーパーやコンビニの店頭に張ってもらえるよう配布するなどの、リアルなアクションを起こした若者も見掛けた。

そして震災から約1ヵ月後、被災地支援・復興を目的とした「支援マーケット」は多くの人を集め、話題となった。「応援消費」の盛況をマスメディアではエシカル消費の一つとして紹介。記事は専門紙や経済面から、一般紙や生活・文化面へと掲載場所が移った。マーケティングのトピックスとしてだけでなく、一般読者にカルチャーとして伝えられた。

近年、「社会の役に立ちたい」という意識が熟しつつあったこと。

そんな意識に沿ったエシカル・マーケティングの需要と供給が合い始め、表面化し始めていたこと。

さらに社会意識が高まっていた若者のそばには、スマホとソーシャルメディアという、新たな、時に世の中を動かすほどのチカラを持つ伝達手段が備わっていたこと。

それらが、未曽有の災害に直面した時に、一気にスイッチが入り、アクションへとつながった。阪神淡路大震災が起こった１９９５年はボランティア元年と呼ばれたが、２０１１年は震災後の寄付金の多さからチャリティ元年とも言われ始めている。また、エシカル元年とも言えるであろう。

エシカル時代到来の実感

「消費」から「正費」へ

２００５年、ＬＯＨＡＳ（ロハス）という言葉が流行語大賞にノミネートされた。ロハスとはLifestyles Of Health And Sustainability の略で、健康や環境問題に関心の高い人々のライフスタイルを総称するマーケティング用語である。

当プロジェクトでは、有識者へのインタビューを通じて、ロハスとエシカルの違いを確認してきた。ロハスはアメリカのマーケティング会社が作ったコンセプトであることから、エシカルとは出自が違うということも分かってきたが、これは次の章で説明する。

有識者からの意見としては、「基本的なニュアンスとしては変わらない」ながらも、「ロハスは物差しが自分にあって、『マイ・ロハス』と言ってしまうと、なんでもロハスになってしまう。それに対し、エシカルには客観性がある。例えばフェアトレードやオーガニックコットンには公認団体があり、認証が発行されている。もしくは、エシカルを名乗る以上は、素材調達や製造加工のプロセスをしっかりと開示することが求められる。そして、そうしたものを選ぶという行為は、社会課題への能動的な意識に支えられている。」と解釈されている。

エシカルをコンセプトに企業支援やショップの運営を行っている「センスオブライフ」の阪本洋代表取締役は、書籍『日本をロハスに変える30の方法（講談社・2006年）』にてオピニオンリーダーに選ばれた、ロハスに造詣の深い方である。

「ロハスには大きく5つの要素があります。

「持続可能な経済活動」、「健康的なライフスタイル」、「代替医療（アロマ、鍼灸、ホメオパシー等）」、

「自己開発（禅、ヨガ、コーチング等）」、「環境に配慮したライフスタイル」。

この中で「自己開発」の要素を除けば、大なり小なり、エシカルの要素とかぶります。

そしてエシカルにあって、ロハスにないものがあります。それは「貢献」、「支援」、「協力」、「利他」といった、他者への「良いこと」価値の提供という分かちあいの要素です。エシカルな商品は購入、所有、使用することで、社会や他者になんからの良い作用を起こしていること、つながっているという実感があることがウケている要素だと思うのです。エシカルな商品は、ストーリーが重要なのです。」

阪本氏はエシカルに関して、こんな体験を話してくれた。

『『こんなおしゃれな商品を買うことで、社会にアクションができるんだ！』

これは、ファッション性の高い30歳前後の女性が、エシカル商品を購入されたときに実際におっしゃられた言葉です。

06〜07年頃に自分志向のロハスから、社会の役に立ちたいという背景を持った消費へとシフトしつつあると感じました。そんなときに聞いた、『モノを買うことで社会にアクションできる』という声は、長らく小売業に従事していた私としてもはじめて聞くことで、驚きとある種の感動を覚えました。そしてこれからの消費の方向に違いないと確信しました。

社会につながるストーリーがない商品は今後売れないのではないか？　トレンドだからとか、安いからという商品は市場から退場を余儀なくされるだろうと思ったのです」

名古屋でエシカルファッションの普及活動に努め、2011年には名古屋テレビ塔にてエシカル商品のセレクトショップを再開された原田さとみさんも同様の話をしてくれた。

「私たちの暮らしや普段の何気ない行動すべては、世界のいろんなところとつながっています。自分たちのせいで、誰かが犠牲になっていたり、悲しい思いをしていたりをしていたら……？　遠く離れていても作っている人たちのことを考え、思いやってみる。他人事ではなく、自分ごととして考え、行動する。

原田さとみさん

でもフェアトレードとは寄付ではありません。現地の生産者と対等にモノづくりを考え、彼らが作ったものが地球の裏側でこんなに喜ばれているんだよ、と伝えることで、誇りを持って生産にたずさわることができます。結果、社会のひずみの中にある彼らの生活が向上し、持続されていくという正の連鎖を生みます。」

「エシカルは難しいことではないのです。エシカル商品を購入・使用することで、自分自身の意識が高まり、地球環境にやさしい行動を誘発し、周りにも影響を与えます。正の連鎖を生む商品を「選ぶ」という個人の小さな行為が、大きな活動につながる可能性を秘めています。「買うもの」を「選択」することではじまる未来があると信じています。」

将来の見えにくい日本において「自分の消費行動で社会は変わる」と考える人々は6割を超えると述べた。

「comsume 消費する」とは、「con (fully) + sum (取る) =残らず取っていく」を語源とする説がある。エシカル消費を、自分への価値と社会課題解決への貢献が両立している商品やサービスにより、自分にも社会にも『正しい買い物』と捉えてみる。するとエシカルは、従来の独り占め的な「消費」から、6割の人々によって、「自分や他人に正しく分配されていく買い物」となる「正費」へと変えていくのではないだろうか?

一過性で終わらせないために

原田さとみ氏

「ファッションで大事なのは、デザイン性や質の確かさ。フェアトレードの商品は、まだまだ洗練される可能性があります。支援だけを目的に買うのではなく、一般消費者にまず欲しいと思ってもらえる魅力が、エシカル消費のすそ野を広げるためには大事な要素だと思っています。」

元小田急百貨店バイヤーで、現在、独立行政法人 中小機構にて、全国の中小企業支援で全国を飛びまわっている、山本聖氏。

「日本人は『環境商品』といってもダメ。あくまでストーリーを伴った「おいしい」か「カワイイ」とかが先で、『実はエコだった』くらいがちょうどいい。」

マザーハウス山崎氏

「いまは究極にモノがあふれた世界だと思うんです。自分に「欲しいものがたくさんありますか？」と聞かれたら、ないんですよね。じゃあ、これからどうなっていくかというと、モノを売ることのサービス化、つまりストーリーを売るということなんです。」

今マザーハウスには、大きく2つのラインがある。お客様の要望を反映させたシンプルラインと呼ぶ定番商品と、デザイナー山口さんの想いをプロダクトアウトしたコンセプトラインである。販売が好調なのは実はコンセプトラインだそうだ。

「山口とは商品化に向け、徹底的にディスカッションしますが、それは美とは何かとか、時代に求められているコンセプトは何かといった、コンセプト立案のプロセスまでです。商品のロットは、損益にかかわるのでそこだけは僕が仕切っていますが、最終的には全て彼女の感性に任せます。それが当たる秘訣なんだと思います。山口絵理子というストーリーを買っていただいているんだと思います。」

エシカルやフェアトレードという限定市場からの脱却が課題となってくる。そのためには、非常にオーソドックスな話ではあるが、よりエシカルにこだわり続けながら、お客様のニーズ把握、デザインやクオリティ向上を一歩一歩進めていくに他ならない。ライバルはエシカル市場内にはなく、既存市場のプレイヤー全てである。

「エシカルという看板だけに頼ってはダメだ」というのは、エシカルでビジネスをするプレイヤー全てから聞かれる課題である。

●参考文献

・内閣府　平成20年版　国民生活白書
・内閣府　社会意識に関する関する世論調査

第2章

エシカルって何？

その聞きなれない言葉は、どこからやってきたのか

産業革命も経済学もエシカルも、イギリスから始まった

エシカルとは、本来はethic「道徳、倫理」の形容詞で「道徳的な、倫理的な」という意味だが、今日的には環境や社会へ配慮しているニュアンスが色濃くなっている。広範な社会問題や、社会責任に配慮したモノや行動を指し示す言葉として機能し始めている。

では、今日に至るまでにその聞きなれない言葉は、どのような道程を辿って、その意味合いが変化してきたのだろうか。これまでの私たちエシカル・プロジェクトの活動でインタビューさせて頂いた有識者の発言や参考文献などから少し解明できてきた。この章では、それを中心に紹介していきたい。

まず押えておきたいのは、1997年、当時イギリスの首相であったブレア氏が、国際外交について「これからはエシカルアプローチが大事」と発言したことが普及のきっかけとされていることだ。そう、エシカルの発祥地はイギリスだったのである。

イギリスといえば、1760年代に始まった産業革命も、最初はここから始まったとされる。そして、経済学もまたイギリスだ。アダム・スミスの『諸国民の富の性質と原因の研究』（『国富論』）が、経済学の最も古い定義とされ、ここから大量生産・大量消費時代の幕が開けて、今や250年余りが経過した。今日を見てみれば、経済危機や金融不安が世界的な問題となっている。このことはエシカルと無関係ではない。この点は後に触れたい。

ただ、このようにイギリスから始まったとされるエシカルは、少々大げさかもしれないが、また歴史的なエポックとなる可能性を秘めていると感じる。

さて、エシカル誕生の背景だが、当時のブレア政権の外交姿勢は、国際協調主義が柱とされていた。そして、地球環境問題やアフリカの貧困問題などの課題に熱心に取り組み、NGOとの連携も密接であった。それは、「倫理主義」「倫理外交」とも言われており、この中で既にエシカルな概念を掲げていたことが伺える。

ここで、地球環境財団の嶋矢理事長にインタビューさせて頂いたときの話を紹介したい。

「エシカルという言葉自体を使い出したのは英国の2代前の首相、ブレアさんでした。90年代に入ってから、人間の安全保障という理念がUNDF（国連開発計画）から出てきました。それまでは安全保障と言えば、国際政治が動き、外交が動く伝統的な国家の安全保障というものでした。それが冷戦の終焉後、にわかに国家対国家の外交政策には限界がある、これからは人間一人ひとりのより幅広い安全保障という視点が必要であると。

その外交プロセスの中で、ブレアさんがエシカルという言葉を使い始めました。国際外交の中でエシカルアプローチが大事だ、そういう視点と問題意識を持つ必要があると。私がエシカルという言葉を耳にしたのはそれが初めてでした。「Ethical Approach」とか、「Ethical Foreign Policy」とか、そういう発想と問題意識で国を挙げて取り組む国に、彼は「Ethical State」という言葉まで使っています。

当時、コソボ問題に対し、人道的介入をするか・しないかという国際社会を二分するような議論がありました。そこで出てきた言葉がこのエシカルです」

エシカル誕生の背景が伺える、大変興味深い話である。

歪められたエシカル・アプローチ

しかし、エシカルアプローチは必ずしも評価されていないという側面もある。嶋矢理事長によれば、2003年のコソボ問題には、国際社会が介入すべしと合意していた。ただ、その後に、イラク戦争やアフガニスタン介入を正当化するためにも都合よく使われたため、外交政策上では必ずしも評判のいい表現ではなく、批判も少なくないという。

確かに、関係する文献を紐解くと、イラク戦争については、加担する明確な理由・根拠がみつからず、国際的な合意も得られなかったことが明記されている。結果、次第にコソボ問題では実績のあった「倫理外交」という名目に頼らざるを得なくなってしまった。苦しい言い訳ながらも、「当時の労働党が正しい」とみなすことが唯一の論拠であった。しかし、野党はもとより政権内部からも批判が沸き起こり、イラク戦争介入は倫理上正しいとは認められない倫理外交、すなわち「歪められた倫理主義」という印象を歴史的に残す結果となった。

これは、第１章で述べたように、エシカルが「諸刃の剣」であることをまさに象徴している。正しいとされていることが、どこか胡散臭い・裏がありそうなどと思われるリスクを普及時から併せ持っていたといえる。

しかし、歴史的に産業革命から資本主義を発展させて、広大な領地を支配してきた背景をもつ大英帝国イギリスだからこそ、正しくあらんとするエシカルが生まれたという視点も重要だ。

大量生産・大量消費によるさまざまな問題が生まれ、その行き過ぎに対する反省が原動力となったともいえよう。非人道的な発展への贖罪ともいうべき意識の中で、エシカルが必然的に生まれてきたのかもしれない。

さて、スタートにおいては確かに「倫理的な国際介入」とか、あるいは「道徳的に介入する」という外交政策上の意味が主であったエシカルだが、実際には必ずしもそれほど硬い言葉で捉えられてはいなかったという。

一人ひとりへ向けられた視点、誠実さを重視して信頼を得るという側面から、生活に身近な言葉として広まっていく。その経緯を追ってみたい。

これからの企業・商品は「エシカル度」で選ばれる？

１９８９年、やはりイギリスからエシカル専門誌「エシカルコンシューマー」が創刊された。マンチェスター大学の学生３人から始められ、現在は数万人のサポーターに支えられているという。そのミッションは、〝Ethical Consumer's primary goal is making global businesses more sustainable through consumer pressure〟（消費者の力で、グローバルなビジネスをより持続可能なものにする）というものだ。イギリスをはじめとする欧米では、エシカルな商品を進んで購入したり、エシカルではないという理由で商品を購入しない人をまさに「エシカルコンシューマー」と呼び、その数は増えていると聞く。そして、その消費に関わる活動は、エシカルコンシューマリズム（倫理的消費運動）とも呼ばれており、倫理的に正しい商品やサービスを選択する一方で、そうではない商品やサービスは排除・ボイコットしなければならないと訴える。

さらに、その客観的な選択基準づくりについても進められている。企業や商品のエシカル度を計る指標〝エシスコア〟なるものがイギリス国内で提示された、それは〝商品力〟ではなく〝エシカル度〟で評価され、購買の目安として消費者に広がりつつある。エシスコアの基準は、大きく5つの分野からなり、全部で20項目ある。Environment：環境（環境報告書を公表しているか、汚染及び有害物質などの事故がないか等）、People：人権（労働者の権利が守られているか等）、Animals：動物（動物実験が行われていないか等）、Politics：政治（反社会的金融などが行われていないか等）、Product Sustainability：製品の持続可能性（オーガニック、フェアトレードなどの製品があるか）の5つの分野から20点満点で測定される。合計15～20は良い・14～10は平均、9から5は悪い、4～0は非常に悪いという基準で、これまで延べ5万の企業・製品が評価されている。「エコ」よりも広く、倫理的に人や動物、環境に正しくあろうとするエシカルの概念がここからも読み取れる。

また、企業サイドでも倫理的な取引を推奨するために、１９９８年にエシカル・トレード・イニシアティブという企業合同での機関が発足した。ボディショップやイギリスのスーパーマーケット・チェーン大手のＡＳＤＡ（アズダ）が中心となって発足し、現在は70程度の企業・団体が会員となっている。さまざまな業界を注視し、フォーラムやコンサルタントを実施しているが、会員企業の商品に問題があった場合でも、適切な対応が図られない場合は会員資格の剥奪も行っている。

エシカル、その華麗なる転身

エシカルはファッションへ展開

政治の世界でデビューを果たしたエシカルは、消費の分野へと広がり、さらにファッションの分野へ進出していく。アパレルのフェアトレード・ムーブメントもイギリスから始まったと聞く。それを象徴するのは、パリで開催されているエシカル・ファッションショーである。２００４年から始まっており、その趣旨に賛同する各国のデザイナーが参加して各々の新作コレクションを発表している。

エシカルなファッションブランドをまもなくローンチさせる岡田有加氏（第４章にインタビュー掲載）のレポートでは、２０１１年のショーでは、フェアトレードやオーガニック素材の服や靴、アクセサリーなど計89ブランドが、ヨーロッパをはじめとする23カ国から集結。ファッションショーをはじめ、バイヤーやブランド同士のネットワーキング、セミナーやワークショップが3日間にわたって行われた。会場内にはオーガニックコットンの下着メーカーがあったと思いきや、リサイクル素材のクチュールドレスが登場するなど、多岐にわたるブランドがブースを出展。バイヤーやプレス関係の来場者は3日間で２０００人以上となった。

ステラ・マッカートニー氏もエシカル・ファッションの第一人者のひとりとされる。ポール・マッカートニーとリンダ・マッカートニーの末娘で、ロンドン生まれ。１９９６年に自身の名を付けたアパレルブランドを創立。厳格なベジタリアン且つ動物愛護主義者で、デザインに皮革や毛皮を用いない。彼女は、「一部の人は革製品をクールだと感じているかもしれませんが、残酷に殺された動物を身に着けることは全然ファッショナブルではありません」という、まさにエシカルな立場をとっている。

『おしゃれなエコが世界を救う　女社長のフェアトレード奮闘記』の著者で、ピープル・ツリー創業者であるサフィア・ミニー氏は、フェアトレードファッションで著名な人物。バブル全盛期に来日したイギリス人女性が、消費をあおる当時の日本人に違和感をおぼえ、環境問題、貧困問題、人権問題と闘うために「フェアトレード」ビジネスを東京で創業。インド、バングラデシュ、ネパール、ペルー、ケニアなど、10ヶ国40団体の生産者パートナーと提携し、年商は15年で20倍になり、世界が注目するフェアトレード・ファッション・ブランドとなった。２００４年にはシュワブ財団から「世界でも最も傑出した社会起業家」に選ばれている。

彼女は、こう語っている。

「フェアトレードだから買ってもらえるのではなく、デザインがよくかっこいいから買ってもらえるようになれば、フェアトレードがどんどん広まるはず」

そう、まずは商品力の高さが担保されていることが重要としている。確かに、エシカル度だけが高いものだけでは商品としては成立しない。品質の高さとエシカル度の高さを両立させることは簡単でないが、避けては通れない道だといえよう。

映画ハリー・ポッターシリーズで著名なイギリスの女優エマ・ワトソン氏もエシカル・ファッションを語る中では外せない存在だ。彼女自身の強い思いから、先述のピープル・ツリーのユースコレクションへ、クリエイティブ・アドバイザーとして参加し、デザインなど多面的に協力した。

そこに参加した一番の理由は、自分と同じ世代の若者たちにフェアトレードを広めるためだと言う。その思いを語ったメッセージをピープル・ツリーのサイトへ掲載している。

「フェアトレードでオーガニックな服のチョイスが少ないと思っていました。着ることで世界がよりよくなったり、なにかの役に立つ、そんな選択肢を提示したいのです。」

イギリスを代表する世界的ファッションブランド「ヴィヴィアン・ウエストウッド」は、ITC（International Trade Center＝国際貿易センター）とコラボレーションし、「Ethical Africa Fashion Project」の一環として生産されたハンドメイドのコラボレーションバッグを2010年10月、Vivienne Westwood Gold Label のパリコレクションのショーの中で発表したことは

エマ・ワトソンとピープル・ツリーのコラボレーション・コレクション
「People Tree, Love from Emma」©Andrea Carter-Bowman/People Tree

記憶に新しい。

　バッグの素材にはバナー状沿道広告やサファリテントの生地をリサイクルしたものなどが使用されている。

　世界で最も貧困とされるアフリカ・ナイロビの女性たちにとって、仕立て作業やかぎ針編みなど技術が身につくとともに、労働環境が安定することにより、適正な賃金を得て家族を養う収入源が得られるようになるこのプロジェクトは、援助に頼るものではなく持続性のある職業支援だ。すでに7000人以上の労働者の生活向上を支援しているという。

　デザイナーであり環境保護問題に意欲的に取り組み続けているヴィヴィアン・ウエストウッド氏の強い意志が込められており、2012年の春夏コレクションもグレードアップして発表された。

Ethical Fashion Project 【Harlequin Tassel Bag（上）
Bark Flower Clutch（下）】 リサイクルのメンズシャツをパッチワークにした裏地を使用している。

ここで注目すべき点は、エシカルを女性が牽引しながらファッションという分野で導入・拡大させたことである。政治の世界に端を発し、外交上の政策として出発しながら、まったく異なる分野で展開されたことで、その拡がり方や意味合いにポジティブな転換がなされたともいえる。おしゃれでいて、楽しめるエシカルとして実践され、これからのライフスタイルを予感させていった。

前述の岡田氏によれば、エシカル・ファッションショーをはじめ、よく聞くフレーズが〝Ethical is the next big thing〟（＝次は、エシカルが来る）であったという。特にエシカルがテーマではないファッションイベントでもよく使われるフレーズなので、次のトレンドとして業界全体で意識されているようだ。現時点では、巨大なファッション市場の中で規模的にはまだまだのエシカル・ファッションだが、それでも、すでにヨーロッパのファッション業界のキーワードとなっていることは間違いないという。

ハレの場でもエシカルの風が吹いてきた。２０１２年１月、東京ビッグサイトで繊研新聞主催のＩＦＦ（インターナショナル・ファッション・フェア）が開催され、その中にグリーン＆エシカルウェディングゾーンが登場した。前回と比しても大きく打ち出されている印象だ。中でも、「エコマコ」のウェディングドレスは、植物由来の素材から手作りされているだけでなく、着用後は赤ちゃんのおくるみやパーティドレスへ再利用できることで注目されている。また、エシカルタキシードを打ち出している「マイモード」は、オーガニックコットン１００％の生地で製作し、ウェディング後に拘りのスーツへリメイクできるという。大切な一着だからこそ、エシカルでありたいというコンセプトが今後も共感されていくはずだ。

グローバルなエシカル市場の拡大

ファッションのみならず、エシカル関連の市場が拡大している。

イギリスのThe co-operative bank（マンチェスターに本社を置く商業銀行。自身をエシカルバンクと定義づけて、武器貿易や気候変動、動物実験や労働搾取などに関わりある会社に投資を行わないことを明示している）が公表した「The Ethical Consumerism Report 2009」という報告書によると、イギリスでは1998年から10年間で一般家庭内におけるエシカル関連の消費が120％拡大しているそうだ。

投資分野では、近年企業の社会的責任（CSR）の観点から投資を行う社会的責任投資（SRI）の市場が欧米で拡大しており、2010年にヨーロッパとアメリカのSRI関連団体が公表したデータでは、ヨーロッパのSRIの市場規模は前回（07年）調査比で87％増の約5兆ユーロ（566兆円）、アメリカは同13％増の3兆ドル（240兆円）に拡大。人道的見地から兵器産業や紛争地域でビジネスを行う企業を投資対象から外す動きが急増しているという。

消費面でも投資面でも倫理を重視する動きが目立ち始めたことは、今後のエシカル消費市場の拡大を後押しする要因になると予想される。

また2009年に、米TIME誌は「The rise of the ethical consumer」というタイトルで、アメリカで起こり始めた「エシカル消費」という現象に関する記事が掲載されている。

2011年に同じくアメリカで『Spend shift（スペンド・シフト）』というタイトルで出版された本も象徴的である。

未曾有の経済危機であったリーマンショックをきっかけとして、アメリカの生活者の価値観や行動がどのように変わったかをまとめたものとなっている。

同年7月に発行された日本語版の副題は「〈希望〉をもたらす消費」。まさしくエシカルな消費へこれからシフトしていく方向を端的に指し示している。危機を乗り越えた消費者たちは、まるで御札が投票用紙であるかのように、絆や夢や未来のために、消費活動を行うようになった。社会をよくするための選択としての消費へのシフトであると説明されている。

このスペンド・シフトのポイントがわかりやすく5つにまとめられているのでご紹介しよう。

・自分を飾るより　↓　自分を賢くするためにお金を使う。
・ただ安く買うより　↓　地域が潤うようにお金を使う。
・モノを手に入れるより　↓　絆を強めるためにお金を使う。
・有名企業でなくても　↓　信頼できる企業から買う。
・消費するだけでなく　↓　自ら創造する人になる。

この本に掲載されている調査データによれば、2009年時点でアメリカ人におけるスペンド・シフトの対応状況は、実践者が54・5％だそうだ。実に、アメリカ人の半数以上のシフトが始まっているという。

自由競争の時代を駆け抜けてきたアメリカでも、このような価値観や行動の変化が起こりつつある。グローバルなエシカル市場が拡大していると言えよう。

エシカル、日本上陸とその拡がり

胎動は2008年

それでは、日本でのエシカルの動きを見てみよう。グラフ（図表2－1）は、グーグルインサイトフォーサーチで抽出した「エシカル」の人気度推移である（2011年12月時点）。グラフを見ると、2008年前半に小さな山ができている。そして、2009年から2010年にかけて、じわじわと上昇しており、2011年には大きな山をいくつか描きながら現在まで推移している。

まず、2008年の最初に小さな山をつくったのは何かと考えてみると、本書のはじめに触れた、この年の2月に雑誌「Pen」が〝「エシカル」革命ただいま進行中！〟という見出しで取り上げたことではないかと思われる。

そして同年のリーマンショックを経て、日本でも徐々にエシカルへと舵を切り始めた。消費の新しい視点として着目され、さまざまなメディアで見かけるようになった。

2009年アースディ東京のスローガンは「GO！　エシカル　世界はみんなで変えられる」であった。この年は過去最高の来場者数14万人を超えて、参加グループも383となり、名実共に日

図表2-1 エシカルの人気度推移「グーグル インサイト フォー サーチより」
URL：http://www.google.com/insights/search/

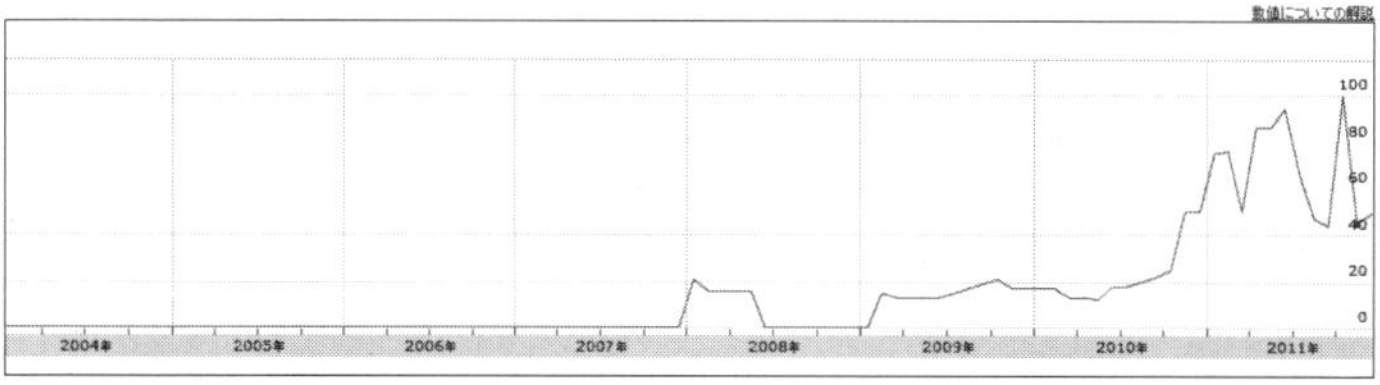

本最大の市民フェスティバルとなったと同サイトに記録されている。
そして日本の女性誌が次々と「社会貢献」の特集を組んだ。

「VERY世代の社会貢献～母の視点で、みつけたこと」 VERY 7月号（光文社）

「私なりの社会貢献～いま世界のためにできること」。 フィガロジャポン8月号（阪急コミュニケーションズ）

「世界のためにオシャレで貢献！」 STORY9月号（光文社）

「2009年チャリティ・リポート」 25ansヴァンサンカン9月号（ハースト婦人画報社）

「私たちにもできる!! 今日から始める社会貢献」 BAILA（バイラ）8月号（集英社）

「いま『カッコいい』ってこういうコト！」特集にて社会貢献を推奨 CLASSY 10月号（光文社）

こうして、アラフォー・アラサー世代向けの女性誌の表紙をこうしたタイトルが飾った。これらの誌面では、購買が社会貢献につながる、フェアトレードの素材を使った商品や、売り上げの一部が寄付として

STORY　2009年9月号(光文社)

PEN2008年2/1号(阪急コミュニケーションズ)
©Pen magazine. 2008

供出されるブランドやショップが紹介された。これらの記事にいわゆるバブル時代的な「ぜいたくを楽しむ」雰囲気がなかったとは思わない。むしろ商業誌である以上そうした演出は必要であると思う。しかし、それ以上に単なるファッション・トレンドの紹介にとどまらず、ファッションを楽しむのと同時に、「誰かの役に立とうよ」という提案は、画期的な印象を残した。

２０１０年初めには、マーケティング専門誌系のメディアや総研から「時代のキーワード」として紹介され始めた。女性誌のエシカルや社会貢献の特集や記事の掲載も続いた。

ＶＥＲＹでは、「エレカ様のエシカルショッピング」というコラムの連載シリーズが展開され、ＳＴＯＲＹ２０１１年1月号は、チャリティ特集号として特別定価８８０円のうち、80円がユニセフに寄付され、マダガスカルでの教育支援活動に役立てられるというものであった。第一特集も「毎日、いいことをひとつ―というと、できそうな気がするOne

Good a Day! ちょっとだけ人のため、そして自分のため」というタイトルで、自分のためにもなるという視点で読者に共感されたことが伺える。

また新聞紙面では、日経ＭＪで「石鍋仁美のマーケティングの［非・常識］」・「台頭するエシカル消費」というコラム３回シリーズも９月から連載された。その第１回は、「一等地の商業施設も注目」として、表参道ヒルズの「ＤｏＧｏｏｄ，ＢｅＨａｐｐｙ」という店がグリーンでエシカルなライフスタイルを提案していることや、ヤクの毛を使った衣料品「ショーケイ」という、チベット族の自立を目指し女性企業家が立ち上げたブランドを紹介している。エシカルであり、同時に高い品質とデザイン性を実現しているとされる。大手資本による一等地の商業施設が取り組みだしている事例で、消費の変化を象徴的に取り上げている。

また、その第２回では、「若者主導、社会貢献の輪」という見出しで、若い世代のエシカル志向を取り上げている。エイチ・アイ・エスのバングラデシュボランティアツアーが成功していることや、エシカルを編集テーマの柱とした季刊誌「マーママガシン」が紹介されている。国内外のエシカルな服や雑貨、オーガニック衣料の生産過程、自然派の洗剤などエシカル商品を使っているユーザーの座談会やエシカルな暮らし方のヒントを提示、おしゃれでファッショナブルな誌面も評判がよく、部数を伸長させているそうだ。

さらに、第３回では、「明快さ、すそ野広げる」として、エシカルを軸に主力商品の売り上げを

3倍に伸ばした家具会社「ワイス・ワイス」を紹介している。海外で違法伐採された安い木材ではなく、国産の合法証明書付き木材を積極的に導入、テーブルや椅子の一部の素材を国産のクリの木へと切り替え、今後も拡大させていくという。

また、途上国支援や環境問題に使途を限った「社会貢献型」の外国債券が3倍（08-09年比）になっているという。これは使途の明快さから、若年層がネットを通じて購入しているそうだ。

石鍋氏は、この連載をこう結んでいる。

「何がエシカルか。明確な定義や線引きはエコロジー以上に難しい。企業が取り入れるには一層の慎重さが必要になる。ただし消費者の関心や参加意欲が高まっているのは確実だ。見過ごす手はない」

そしてこの2010年の終わりには、クリスマスのタイミングから漫画「タイガーマスク」の主人公である伊達直人と名乗る人物から、全国各地の児童養護施設への寄付行為が相次いだ。いわゆる「タイガーマスク現象」である。匿名であるがゆえに高年齢層にとっては気恥ずかしい寄付行為のハードルが下がったり、若い世代にネット経由で拡散されてゲーム感覚で追随されたなどの分析もある。もちろん賛否はあるものの、一部の善意が急速に日本中へ広がって、一気に顕在化したことには驚かされた。言うまでもないが、震災前の出来事である。

２０１１年、震災後に発露したエシカル意識

社会への貢献・配慮
エシカルで
消費を力に
震災受け関心高まる
活動持続性カギ
商品開発・寄付…企業も動く
ZOZOTOWN
チャリティーTシャツ販売
細田　琢氏
消費者に見える成果を
加藤　広亮氏
負担増やさぬ工夫必要

2011 年３月 30 日　日経ＭＪ

こうして、２０１１年を迎えた後にエシカルのメディアでの紹介が急増していった。先述した2月にはＮＨＫ「Ｂｉｚスポ」で「消費を変えるキーワード？　エシカル」という特集が放映されたのもこのタイミングである。

そして3月11日、東日本大震災が起きた。

実はその数日前に、新聞社からエシカルに関する取材を受けていたのだが、大変な事態が続々と報道される中、その記事が陽の目を見ることはないと思っていた。

しかし、3月30日、日経ＭＪの1面に「エシカルで消費を力に　社会への貢献・配慮　震災受け関心高まる」という記事で展開された。震

災後、日本全体が大きくエシカルな方向へ切り換わっていくような意識の高まりを感じた。事実、直後から復興支援のための義援金や自生的な節電活動が一気に立ち上がり、買い物が復興支援へつながる消費活動やファンドが続々と生まれた。

さらにエシカルを取り上げる新聞記事の掲載が相次いだ。先ほどの図表2-1でピークとなっている頃と思われる。

・2011年5月30日　産経新聞「エシカルバッグ　虚飾より共感で買う」
・2011年6月11日　日経プラスワン「買い物で社会貢献に一役、使い道など開示を確認」
・2011年6月20日　日経新聞夕刊「ニッキィの大疑問『エシカル消費って一体何？』普段の買い物通じ社会貢献」
・2011年6月29日　日経マガジン「パノラマ消費考現学『応援買い』が映す日本社会の転換点」

日本経済新聞（夕刊）　2011年（平成23年）6月20日（月曜日）

らいふプラス

「エシカル消費」って一体何？

普段の買い物通じ社会貢献

ニッキィの大疑問

企業の情報発信と透明性も必要

2011年6月20日　日経新聞夕刊
「ニッキィの大疑問『エシカル消費って一体何？』」

・2011年7月26日　東京新聞夕刊　「エシカル消費」広がる

この中でも、6月20日の日経新聞夕刊の記事は、エシカル消費という見慣れない言葉について、先述の石鍋氏がわかりやすく解説する形で掲載されている。

そして、これまで応援消費とも称されながら日本全国へ拡大するに至っている。2011年が「エシカル元年」ともいえるように、一気に広まった。もはやこの流れは、加速することはあっても後退して消えてしまうことはないと考える。

日本版エシカルの特徴

日本古来の自然観は、とてもエシカル

それでは、ここまで見てきた欧米、そして日本のエシカルについて、その質的な相違点や共通点についても考えてみたい。

まずは、日本はそもそもエシカルであったという視点である。エシカルは、イギリスに端を発して、欧米など先進国で拡大する中で日本に波及してきた——という見方が大勢である。ただ、別の側面もある。

先の地球環境財団の嶋矢理事長からは、実は古来の日本はエシカルであったと説明頂いた。意外とも思えるその視点、一体どういうことなのだろうか。

嶋矢氏は私たちのインタビューでこのように語って頂いた。

「約千年前に紫式部が源氏物語で主に貴族社会の精神風土というか、自然観や価値観を称して、「もののの憐れ」と表現しました。今日の私たちは、ものの憐れとは何かと定義されなくても、以心伝心で、すでに血肉化した価値観を共有している。やがて中世になり、千利休が茶道を通して「侘（わび）」という心と精神の在り方を、芭蕉が俳諧の世界を通して「寂（さび）」だということを言い出す。そして今度は江戸時代になって、「粋（いき）」だという。

これらは言葉の表現、文言こそ違うけれども、その底流に共通に流れているバックボーンというのは、日本的な融合型の自然観だと思うんですね。自然を敬い、倣い、随い、溶け合う。生活者としてはライフスタイルを、生産者としてはビジネスモデルを、もう何も言わず語らず、自然の摂理には逆らわない。そういう大きな目に見えない仕組みの中で、大前提として地球の有り方、自然の有り方、環境の有り方、それがいかに不健康ではいけないか、健全でなければいけないか。それがあっての人の営みだということを、日本人は骨の髄まで染み付いていたはずなんです。ところが、明治維新と戦後、それにこの20～30年来の西洋エコかぶれと、三度にわたって西洋かぶれの同じ過ちを犯してしまっている。

私はそれを総称して「近代化の忘れ物」と呼んでいます。最大の忘れ物は何かというと、感性。感性が劣化してきている。それはレイチェル・カーソンさんが著書『センス・オブ・ワンダー』でも触れていることですが、「子どもたちに感性を劣化させないよう親が指導しなければいけない。それが教育だ」ということを訴えているんですね。ここ20～30年来の自然離れ、自然を畏敬する心の荒廃で、日本人が自然から教えられてきた感性が劣化してきた証拠です」

確かに、日本は古来、自然を敬って、けして逆らうような生活はしてこなかった。自然物や自然現象を神格化して、神と捉えていた。いわゆる「八百万の神」である。自身もまた自然の一部であり、自然に従って生きるというのが日本らしい自然観であろう。近代化、文明化の果てに、一巡して本来のエシカルな自然観に舞い戻っているという視点は大変興味深い。

近江商人「三方良し」に学ぶこと

ここでもうひとつ、日本に馴染みのある例も紹介したい。「近江商人」の話しである。こちらは

250年前、鎌倉～江戸時代までさかのぼる。

近江商人は、ウィキペディアによれば、「近江商人（おうみしょうにん）は、主に鎌倉時代から江戸時代、明治時代、大正時代、昭和時代にかけて活動した近江国・滋賀県出身の商人。大坂商人、伊勢商人と並ぶ日本三大商人の一つである」とされる。そして、三大商人の中でも特徴的なのが、近江商人の家訓「売り手良し、買い手良し、世間良し」の「三方良し」である。

この「三方良し」が重要であったことには理由がある。近江商人の行商は、他国で商売をし、やがて開店することが本務であったため、旅先の人々の信頼を得ることが何より大切であったという。そのための心得として説かれたのが「三方良し」であり、取引は当事者だけでなく、世間の為にもなるものでなければならないことを強調した。「三方良し」の原典は、宝暦４（１７５４）年の中村治兵衛宗岸の書置とされる。

注目したいのは「信用を得る」という点だ。近江商人にとってはとても大切な言葉であった。公益財団法人滋賀県産業支援プラザのホームページにおいて同志社大学経済学部末永國紀教授が、このように解説されている。

【正直・信用】

今昔にかかわらず、商人にとって何よりも大切なものは信用である。信用のもととなるのは正直である。外村与左衛門家の「心得書」でも、正直は人の道であり、若い時に早くこのことをわきまえた者が、人の道にかなって立身できると説く。正直は、行商から出店開設へと長い年月をかけて地元に根いて暖簾の信用を築き、店内においては相互の信頼と和合をはかるための基であった。

そう、近江商人の原点は、正直であることであり、それが信用をもたらすという視点だ。三方良しは、信用を得るための道筋であったといえる。エシカルも同様に、正直であることで信用を得るという意味では同様であり、エシカル＝信用の証という図式を端的に表しているのが、近江商人ではないだろうか。

寄付はこれから伸びる？

では、ここからは寄付という視点から日本の特徴を考えてみたい。

日本は世界的に見ても個人の寄付額が少なく、古来からある陰徳の美という言葉にも表れているように、あえて人目につかないような善行をよしとしてきた。２０００年頃の状況を見ると、アメリカでは年間２０００億ドル（約20数兆円）を超える寄付が行われているのに対し、日本では約１０００億円程度にとどまっている。両国とも世帯ベースでは約70％の世帯が寄付を行っているが、世帯当たりアメリカは約17万円、日本は約３０００円と寄付金額に大きな格差が見られるという。

こうした格差は、宗教観・社会意識・税制の違いに起因すると考えられている。

ところが、そこに近年顕著な変化が現れてきた。日本ファンドレイジング協会発行の「寄付白書2010」の推計によれば、2009年の日本の個人寄付は5455億円、一人あたり平均支出額は14070円とされている。2000年頃の数値と単純に比較はできないが、寄付白書の中でも、継続的に寄付を行っている人が増えて、寄付支出が増えている人もいることが伺えるそうだ。また、5年前と比較して寄付額が増えているのは、とくに20代と30代であるとも分析されている。もちろん、調査は震災前に実施されたものである。

2011年には新たな制度改正も実現し、認定NPOに対する個人の寄付額のうち、2000円を超えた分について、40%を所得税から、10%を住民税から減額することになった。法人と個人の寄付を合計した寄付総額がGDPに占める割合は、米国が2・1%であるのに対し、日本は0・22%と約10分の1に過ぎない。しかし、その分個人での寄付が伸長する可能性を秘めているという。

もちろん、近年明らかな意識の変化が生じており、とくに若い世代で顕著に現れていることにも注目したい。既述したように、いまやボランティアサークルが隆盛であり、そこに参加することは若者にとっては普通なことなのだ。古来の陰徳の美のように裏ではなく、表で堂々と寄付を行っても受け入れられるような社会意識への変化とも言える。但し、表に見える善行であるからには、透明性や公正性が何より重要であり、隠してしまうことは逆にリスクとなり得る。

加点主義の日本版エシカル

最後に、もうひとつ欧米と異なる点を挙げておきたい。それは、加点主義であることである。不買運動、すなわちボイコットはイギリスを始め欧米では普通な行為であり、その影響力は強い。ひとたび非エシカルな点が商品やサービスに明らかになると、その徹底した糾弾姿勢で、企業に改善を促す力を発揮している。

例えば、グローバル企業の海外工場における労働問題だ。児童労働問題が発覚した企業に対しては、製品の不買運動や訴訟問題に即時に発展する。

一方で、日本の場合は、企業不祥事に対して攻撃的な姿勢でボイコットや不買運動を積極的に行うケースは少ないと感じる。企業のよい側面に目を向けたポジティブな評価をベースとしており、欧米の減点主義に対して加点主義とも言えるのが日本の特徴ではないだろうか。寄付付き商品への理解や共感が高いことも頷ける。

先述の日経新聞の石鍋氏も、２０１１年6月20日付日経新聞夕刊の記事でこう解説されている。

「欧米のエシカル消費は『悪い』企業を糾弾、排除する傾向があるのに対し、日本では今のところ『良い』商品や企業を積極的に応援しようという空気が強いので、企業も取り組みやすいはずです。無理のない範囲で、モノの向こうに人間や世界を感じ生活を心豊かにする『楽しい消費行動』として実践する人が増えれば、さらに市場が広がると期待できます」

また、ボストンコンサルティンググループの加藤氏も日経ＭＪ（２０１１年３月30日付）で、このように語っている。

「エシカルでない企業の製品の不買運動など『エシカル原理主義』的行動は日本の消費者になじまない。代わりに、例えばフェイスブックの「いいね！」ボタンのクリックを増やして間接的に企業に圧力をかけ、企業に「エシカルに変わった方が得だ」と気付かせることができる。この方が日本では現実的だろう」

プラス視点、ポジティブ評価、加点主義、応援型などいずれも同意であるが、日本的なエシカルの特徴を言い表しているといえよう。

但し、この性善説ともいえるような日本の社会意識は、実は欧米ほど意識が成熟していないからという指摘も見られる。確かに、一義的な視点から企業体すべてを評価することはできない。これからは、より厳しい目が向けられていくことも十分考えられる。

震災後、近年大規模なデモによる抗議活動などもニュースになっている。とくに脱原発などを求めるデモやパレードに一万人以上が参加している。これまでは、基本的にはおとなしい消費者であり、黙って離反するケースが多かった日本人も、意識が高まることで正しいと思うものを見極め、積極的に関わっていく時代になっていくような予感がする。日本版エシカルとして、さらに進化していくと言えよう。

エコ、ロハス、オーガニック、フェアトレード――似て非なる言葉？

さて、ここからはエシカルとそれに類する言葉について考える。エコ・ロハス・オーガニック・フェアトレードについて、その言葉の扱われ方について触れてみたい。

クチコミ&クロスメディア分析エンジン「ブームリサーチ」（株式会社トライバルメディアハウス提供）で調べてみた。ブームリサーチは、国内のブログ・掲示板から発信される、1日約500万件にも及ぶクチコミ情報を、リアルタイムに収集・分析することができる。期間は、震災後の3ヶ月間の集計とした（図表2-2）。

分析結果によると、各ワードの出現数は、やはり「オーガニック」が87837件と最も高く、「エシカル」が1431件と最も少ない。クチコミしている男女比では、「エシカル」が男性66％と多く、逆に「オーガニック」は女性のクチコミが65％と多いことがわかる。注目なのは、よい評判として

図表2-2　各ワードのクチコミ傾向一覧（2011年3月11日～6月10日の集計・クチコミ＆クロスメディア分析エンジン「ブームリサーチ」より）

	エシカル	ロハス	フェアトレード	オーガニック	エコロジー
出現数	1431	26229	9565	87837	33315
男女比	66：34	51：49	49：51	35：65	62：38
よい評判	72%	55%	52%	62%	54%
関連語	消費	いろいろ	イベント	化粧品	安全
	企業の登場	ライフスタイル	活動	成分	ブーツ
	応援消費	デザイン	世界フェア	認定	オシャレ
	商品の企画	ネット	名古屋	天然	やさしい

ポジティブに書かれていると分析されている率は、全ワードの中で「エシカル」がもっとも高く、実に72％となっていることだ。

また、関連する言葉から、そのワードの特徴も見えてくる。「エシカル」は、「消費・企業の登場・応援消費・商品の企画」など、倫理的に正しいという概念が企業・商品に取り入れられ始めたことが伺える。「ロハス」は、「ライフスタイル・いろいろ・デザイン・ネット」など、生活に取り入れられて、数多くの情報や商品がネット経由で伝達されている様相が見える。

「フェアトレード」については、集計期間内の5月14日が世界フェアトレードデーであったこともあり、「イベント・活動・世界フェア」が挙がっている。「名古屋」という地域名については、名古屋テレビ塔にエシカル・ファッションのセレクト店「エシカル・ペネロープ」が開店したことと名古屋をフェアトレードタウンにしようという活動が行われていることが理由と考えられる。

「オーガニック」は、「化粧品・成分・認定・天然」などで、女性に関心が高そうな関連語が並び、そのカラダによさそうなイメージは特徴的だ。「エコロジー」は言うまでもなく幅広いが、震災後の時期の傾向としては、「安全・やさしい」という関連語が抽出されているのかと思う。また、「ブーツ・おしゃれ」などは、人気のファッションブランドに使用されていることが主因であろう。いずれにせよ女性的で、ポジティブなイメージである。

「エシカル」は、絶対数はまだまだ少ないものの、ポジティブに評価されており、企業・商品に次第に活用されてきた注目のワードであることが推察される

エシカル、その由来と未来について〜時代はクリエイティブなエシカルへ〜

これまで見てきたエシカルについて、果たして理解頂けたであろうか。私たちプロジェクトの活動で得てきた知見ではあるが、より実感をもっている有識者にぜひお話を伺ってみたいと考えていた。そして幸運にも、プロジェクト発足当初の2年前からお会いしたかった、元マリ・クレール編集長で、現在はファッションジャーナリストの生駒芳子氏から直接お話を伺う機会を得た。ここで、インタビューとしてご紹介していきたい。

生駒芳子氏　特別インタビュー

生駒芳子氏

ファッションジャーナリスト　公益社団法人　三宅一生デザイン文化財団　理事
VOGUE、ELLEを経て、2004年よりマリ・クレールの編集長を務める。2008年10月に独立。その後ファッション雑誌の編集長経験を生かして、ラグジュアリー・ファッションからエコライフ、社会貢献、クール・ジャパンまで広い視野でトピックを追い、発信するファッションジャーナリストとして活躍。

次の時代はエシカルファッションがくる！

――まず、エシカルという言葉を知った背景について教えて下さい。

「2007年、それまではまったくエシカルという言葉が世の中に出ていなかったときですね。当時、私はマリ・クレールの編集長で、ロンドン特集を組んでいました。ロンドンにはオーガニックの風が吹いているという主旨の特集で、その取材班がロンドンから持ち帰ってきた記事にあったのがエシカルという言葉でした。」

「大変興味を持っていろいろ調べました。もともとイギリスでは、90年代から広まっていたんですね。ブレア政権下で、アフリカの貧困問題を解決しようという目的の外交政策の中でエシカル政策というのが出てきました。そこから企業の間にエシカル、それとフェアトレードという言葉が一気に普及していきました。先進国と途上国という二極化する当時の国際状況の中で、途上国の貧困問題へ手を差し伸べるというフェアな外交、そしてよりフェアなビジネスをつくろうという動きが活発になっていったのです。」

「私は当時、ファッションの業界にいましたが、化粧品や食品に比べるとファッション界はエシカルの展開が遅かったと思います。私個人の体験としては、パリコレやミラノコレクションがそれまでとても寒い時期に開催されているにも関わらず、毎年気温が上がってきて、2000年頃には気候の極端な変化を肌で感じるようになりました。それから、気候の変化がファッションにどう影響があるのかが自分の観察ポイントになっていったのです。」

「2001年からロンドンコレクションの〝エステティカ〟という合同展示会（オーガニックの繊維、リサイクルの材料などを使った服やアクセサリーや、フェアトレードの素材を使ったデザイナーたちによる新作発表）が始まりました。２００４年にはパリコレの開催直後にエシカルファッションショーが開かれ、２００８年にはニューヨークでフューチャーファッションという、オーガニックコットンを使ったトップデザイナーによるショーが行われ、それがニューヨークコレクションの柿落としになり、更にはバーニーズのウィンドウを飾るまでになりました。」

「こうした状況を見渡して、21世紀はエシカルファッションがこれからの主要な流れのひとつになる！ と直感的に思ったのです。それで、２００８年にはマリ・クレールで〝エシカルファッションが未来の扉を開く〟という記事を組みました。フェアトレードのピープルツリー、オーガニックコットンのアヴァンティなどを取材して掲載しました。それ以来、オーガニックコットンやフェアトレードの関係者とお会いする機会も増えまして、次第に百貨店などから講演依頼の機会も増えました。特にリーマンショック以降、更には、今年の震災以降一段と増えています。エシカルなファッションやエシカルな消費は、経済状況の不安定さ・低迷さとは反比例して関心が高まっていると感じています。逆に言えば、豊かな時代には気づきにくいことだったのでは、と思います。」

イギリスでのエシカル普及期と今の日本は似ている。

――ブレア政権はポリティカルな打ち出しをしましたが、当時のイギリスにそれが浸透しやすかった背景や理由はあるのでしょうか。仮に同じ時期の日本に入ってきていたら、そんなに早く浸透しなかったのでは。

「まずブレア政権下のイギリスは、大変動期であったと言えます。これまでの重厚長大な産業重視から、よりマーケットを拓いて創造的な工業、〝クリエイティブインダストリー〟へ注力していこうという時期でした。いまの日本のクール・ジャパンのように、〝クール・ブリタニア〟として打ち出してましたし、イギリスの現代美術が大ブレークしたときでもあります。それは、ある種生まれ変わろうとしていた時期が背景にあったと思います。更には、歴史的にも非エシカルな植民地時代を過去に抱えていて、何かの犠牲の上に豊かさを築くという社会意識を変えなければいけない、という状況でもあったのではと思います。」

「ただ、エシカルというのはちょっとかたい言葉です。ファッションは、そもそも不良やワルの産物と言ってもいいわけで、領域的には遊びの要素がたいへん強い。だから、エシカルのような倫理・道徳重視の風紀委員会的な要素は響きにくい。なので、もともとエシカルな分野で努力している人たちと本来のファッションの業界の人たちの間には溝があるのです。今でもありますが、それでも少しずつ橋ができてきました。例えば、2010年にルイ・ヴィトンなどを展開するLVMHがEdun（イードゥン：U2のボノとアリ・ヒューソン夫妻によって設立され、貧困に苦しむ国々の経済的自立と継続的雇用を、ビジネスを通してサポートしようと試みているメイド・イン・アフリカのファッションブランド）と資本提携を行っています。」

「しかし、エシカルは突然出てきた概念ではないと思います。環境問題のルーツは60年代ですね。そのバイブルと言われているレイチェルカーソン著の「沈黙の春」（1962年発刊）から始まっています。そして80年代はオゾンの問題がありました。思えば、戦後からさまざまな伏線があり、エシカルに結びついていきました。エシカルは、これまでの経済成長とか利益追求型の世界に対する警鐘でもあるのです。21世紀はソーシャルエコノミーの時代。富を分配できる時代への転換期となっていくのではと思います。」

「日本も過去のイギリスと同じように、構造的な転換期を迎えています。311を経て、生まれ変わる時がきました。日本人のアイデンティティを今一度見直し、日本人のDNAをもう一回つなぎ直す時が来ています。経済産業省が2010年に打ち出した産業構造ヴィジョンの一つの柱であるクール・ジャパンは、日本の文化・コンテンツを世界に打ち出そうとしていますし、私も伝統工芸ルネサンス活動〝WAO〟を展開しています。その中で、エシカルは以前よりは人々に響くようになってきました。とはいえ実際にはいま、非常にエシカルでないことが日本中に起きています。エシカルという概念は、行き過ぎた欲を求める世界に対する抑制弁のように機能し始めているのではないかと感じます。」

ラグジュアリーとエシカル、手を結んで進化していく

――生駒さんが以前から仰っていた「エコ・リュクス」についても教えて下さい。

「エコ・リュクスという言葉が誕生したのは、２００５年ですね。それを閃いたのは、ルイ・ヴィトンの環境宣言がきっかけでした。全社を挙げて環境に配慮した企業になることを宣言したのです。そして、当時の愛・地球博で、塩のパビリオンをつくりました。塩は生命の源である海のイメージですね。ルイ・ヴィトンは、空輸だけに頼らず、その年から半分を船便に代えました。ＣＯ２の大幅な削減を目指したのです。その記事を特集としてつくったときに、時代が変わると直感的に思ったのです。それまでのエコは、質素で地味なイメージで、ラグジュアリーとは対極にあるイメージだと考えられていましたが、ルイ・ヴィトンのようなブランドが環境や社会貢献に本格的に取り組むことで、エコとラグジュアリーがつながるなと一瞬にして思ったのです。」

「それで、その時の特集のタイトルを〝エコ・リュクス物語〟としたのです。これからは、エコやエシカルのことを考えることこそで本当の意味でのラグジュアリーになるのではと思いました。その後、エコ・リュクスを何度か誌面に使っていましたが、環境省から話を持ちかけられて解説冊子を作ったりするなど広がりました。ただ、本当のところは、ちょっと自信がなかった。あまりに都合のいい言葉ではないかと思って。そんな折り、〝モッタイナイ〟で著名なワンガリ・マータイさんが来日されて、取材の後でエコ・リュクスの考え方についてご意見を伺ったところ「あなたのいうとおりです。私たちは、今までの自分たちの生活を急にはすべては変えられません。だから少しずつ取り入れるべき。エコ・リュクスはとても正しいことだと思う」と賛同され、お墨付きをもらいました。それからは自信をもってお話しています。」

「エコ・リュクスは、今では自分の中では当たり前になっています。エシカルともまったくつながる概念。ただ、エシカルは言葉としてストイックなイメージがあります。ただエシカルではなくて、〝エシカル・ラグジュアリー〟とか〝クリエイティブ・エシカル〟など既存のラグジュアリーやクリエイティブな分野とつながっていくことで普及していくのではと思います。」

「これからファッション・スクールでも、エシカル・ファッションの講座をもちます。学生と一緒になってエシカル・ファッションブランドをつくろうと思っています。来年は事業化にもチャレンジする予定です。エシカルというテーマは、今も手探りで鋭意研究中。エシカルは皆にとってある意味手探りな状況ではないでしょうか。だから、みんなで色んなアイデアを出し合って、5年後10年後に進化系のエシカルとして答えが出ているといいなと思っています。」

エシカルを引っ張っているのはまだ組織ではなく、個人のチカラ

——例えば、イギリスにはエシカル・コンシューマーで提示しているエシスコアなどもありますが、エシカルであることをどうやれば公にできたり客観的に証明できるとお考えでしょうか。

「エシカルの要素を認証するものはたくさんあります。そちらがひとつの目安ではないでしょう

か。環境の分野なら、私も関わっているＧＯＴＳ（Global Organic Textile Standard）やファミリータグのＪＯＣＡ（Japan Organic Cotton Association）などがありますね。そのような基準により商品開発していくことがひとつの証明になると思います。また、フェアトレード認証マークなどもあります。物事をはかるときに、性善説と性悪説がありますが、性悪説な考えのもとでは、認証がより必要であろうと思います。具体的な認証や数値で説明できないといけない。ボッテガ・ヴェネタも2年前にＳＡ８０００（就労環境評価の国際規格）を取得して、自分たちの会社の労働環境を全部クリアーに調べましたというニュースを発信していますね。それもエシカルのひとつと言えます」

——ラグジュアリーブランドは、自分たちを守るためにエシカルに取り組んでいるのでしょうか。それとも前向きにブランドを高めるためにしているのでしょうか。

「それは同時だと思います。自分たちの身を守るだけでは続かないし、浅いものになってしまう。ブランドの存続を自ら問い直している時期でもあるので、戦略を強固にもっています。よりラグジュアリーブランドであればあるほど身を守るのと同時に、コーポレートアイデンティティとして強固にエシカルなアクション

GOTS 認証マーク

に取り組んでいると思います。」

――それを取り組んでいる部署としては、マーケティング部門や広報・CSR部門が主体なのでしょうか。

「そうですね。ただ部門としてというより、全体に練り込まれていると思います。また、グッチなどはクリエイティブ・ディレクターのフリーダ・ジャンニーニというデザイナーが、個人的にも社会貢献しながらブランド全体でもしっかり取り組んでいます。エシカルに目覚めている人は、会社をどんどん巻き込んで実現していきますね。エシカルに関しては、企業単位というより個人単位。じつは建前だけでは、エシカルな取り組みは進まない。あのブランドは素敵なエシカルの取り組みをしているなと思って取材すると、必ず中心になって押し進めているキーパーソンに出会う。その人がこれが正しいと信じて、いろいろな壁を突破してやっています。社内的には、必ずしも利益を直接的に上げる行為ではないし、むしろ非効率的な部分もあります。ですので、利益追求ではなく、信念と情熱、使命感をもった個人が取り組まないと進まない。先々の大きな目標のために突破していく人、そういう人に注目しています。企業としての積極的なCSR活動と、個人の突破するチカラとが鍵な時代なのではと思います。」

「日本の社会では、エシカルな活動が偽善的と思われがちな傾向がありました。でも、私の持論は偽善でもやった人が勝ちだと思っています。行動することに必ず意味があります。確かに、日本はヨーロッパのノブレス・オブリージュのように、富める者は必ず施すべきという精神背景が前提にないですよね。日本は、声高に社会貢献することはしないし、遠慮の国。でも、最近は企業のCSR部門に就職したいとかNPOに入りたいという女性はすごく増えてきました。アメリカでも金融業界より、NPO／NGOの就職人気が伸びてますよね。やはり変わってきたと感じます」

――社会貢献活動を牽引する世代として、若い方に期待できると思うのですが世代の傾向についてはどう捉えていますか。

「30代前半より若い方は、社会貢献にまったく抵抗ないし、当たり前になってますね。私が雑誌マリ・クレールの編集長を務めていたとき、社会貢献の特集を組むと学生の方から社会人1，2年の方くらいからすごく反響がありました。ボランティア世代というんでしょうね。やはり世代によって関心の度合いの違いはあると思います。」

「プロボノ（仕事のスキルでボランティアをすること）への関心も大変高いですね。その中でも、最近伸長しているのはシニア世代。リタイアした方々が自分の経験を生かして、収入はそれほど得られなくとも役に立ちたい、社会へ参加したいと考える人が大変増えています。若い人と取り組めるのが生きがいになるとも言ってます。社会が変わってきているんだなと感じますね」

「それと今、さまざまなクリエイターやアーティストが社会貢献に取り組んでいますよね。震災後、レディー・ガガがすぐに「WE PRAY FOR JAPAN　日本の為に祈りを」とデザインしたチャリティ・ブレスレットを作成して販売したり、ポロ・ラルフローレンも日本の国旗や希望という文字があしらわれたTシャツをすぐ売り出しました。まさに、ファッション業界も上げての支援が起こりました。昨年（2011年）秋には世界のヴォーグ編集長16名が来日して、日本をファッションパワーで元気付けようとかつてないことが今年は起こったのです。」

エシカルのこれから　キーワードは〝つながり〟と〝クリエイション〟

「エシカルはけっして流行やトレンドではなく、21世紀の哲学だと思っています。ツァイトガイストというように時代の精神というか、華やかではなくても我々の足元にじわじわと広がって定着していくものではないでしょうか。それと、嶋矢先生（地球環境財団理事長）も仰ってますが、エコやエシカルはもともと日本にある概念で、復興運動のようなもの＝ルネサンス運動だと思っています。もともとあった日本の互助作用や文化、しきたり、着物のエコな生活などが第二次世界大戦後のライフスタイルの転換で断ち切られ、一変してしまった。それをもう一度見直し、辿ること、日本人のアイデンティティを取り戻し、日本のＤＮＡをつなぐことが大切。エシカルなスピリットを再認識することが、ＤＮＡの再構築に役立つのではないかというのが私の視線です。」

「これからの若い世代には期待しています。先ほどのファッション学校の学生たちと一緒にブランドをつくって事業化していきたいと思います。エシカルやサスティナブルは基本理念になってきますし、今後いろんな分野で事業になっていくと思います。エシカルは成長分野だと思いますよ。」

「エルメスでもさまざま理由で商品にならなかった素材をつかった、新しいラインができました。商品に使われなかった素材を集め、職人やアーティスト達があらたな命を吹き込む再創造プロジェクト「petit h（プティ アッシュ）」です。先日そのアーティスティック・ディレクターにお会いしましたが、日本の311から多くを自分たちが学んだと仰ってました。そして、自分たちのものづくりを見直すことになったとも。「無駄なものはなく、製品になれなかったものたちに第二の生命を与えたい」という強い思いから生まれた企画だそうです。その姿勢は、戦略としても早いし先を読んでいますね。ただ、これからは先読みだけでは足りないと思います。先読みしつつ、アクションが伴わないと。スピード感がないといけません。」

――エシカルのプレイヤーは開拓者ですし、まだまだ少ないですよね。これをニッチではなく、拡大していくためにどのような課題があると思いますか。

「エシカルの展開を考えたときに、キーワードは〝つながり〟とか〝クリエイション〟だと思っています。ラグジュアリーの領域でも、楽しくオシャレにすることが大事。でないと続かないと思います。

エシカルだから買うというだけでは、ニッチにとどまってしまう。商品としての魅力をまず備えていることが大事でしょうね。カッコいい、かわいいという普通の商品としての入り口が必要です。私は、エシカル商品を考えるとき、作り手の側と買い手の側の両面から捉えています。作り手は、エシカルな要素を調査など行ってしっかりと考えて取り入れつつ、同時にクリエイティビティを発揮しないといけません。つまり、おしゃれでカッコいいと思ってもらう商品をつくる。その2つを並行して開発していく。そうでないと世の中へ広がってはいかないでしょう。

それと、私が思っているのはショッピングで世界を変えられる、ということです。消費者もいいものを選んで選挙の投票のように買い物していけば、結果的によくないものは淘汰されるはず。それはやがて世界の消費のあり方を変えていきます。

ですから、エシカルショッピングって何だろうということを、消費者一人ひとりが考えてほしい。この本もそうかと思いますが、私たちメディアの立場としてはもっと多くの機会にエシカルについて発信していかないといけませんね。」

●参考文献
・山口二郎著『ブレア時代のイギリス』岩波新書　2005年
・梅川正美／阪野智一編著『ブレアのイラク戦争』朝日新聞社　2004年

・日本ファンドレイジング協会　編著『寄付白書2010』日本経団連出版　2010年
・ジョン・ガーズマ／マイケル・ダントニオ著　有賀 裕子　翻訳『スペンド・シフト ―〈希望〉をもたらす消費―』プレジデント社　2011年
・大和証券グループソーシャルビジネスカレッジアナリストレポート『「エシカル消費者」とソーシャルビジネス』大和総研 資本市場調査部 環境・CSR調査課 主任研究員 横塚仁士

●参考記事

・日経MJ「石鍋仁美のマーケティングの［非・常識］」台頭するエシカル消費(上)日経MJ2011年9月6日付・(中) 同年10月4日付・(下) 同年11月1日付

第3章

エシカルの
ポテンシャル

日本初のエシカル実態調査

前章では、エシカルの意味や起源、本場英国における現状、日本での拡がり、日本版エシカルの特徴について紹介した。これらに触れることで、エシカルの概要が掴めたことだろう。続いて第三章では、エシカルのポテンシャルについて、独自調査の結果を用いて解説していきたい。

私たちは、エシカルの現在地や今後のポテンシャルの確認、日本版エシカルコンシューマーの探索・実像把握のため「エシカル実態調査」を行っている。過去に二度実施しており、第一回調査は2009年12月に、第二回調査は2011年6月に実施した。言葉自体がまだ発展途上である中で、「日本で初めてとなるエシカルをテーマにした総合的な調査」だと自負している。

【調査概要】

・時期　第一回2009年12月25日～2010年1月6日
　　　　第二回2011年6月27日～30日

・地域　全国（都市部・地方部含む）

・対象　15才以上の男女、有効回答数1100サンプル

※性別・年齢層ごとに割付（15～17才は男女各50、18～29才、30代、40代、50代、60代以上は男女各100）

・方法　Web調査

知る人ぞ知るエシカル

第二回調査において、エシカルの認知率は11％だった。他の言葉の認知率やエシカルの認知率の詳細を見ると、現時点でのエシカルは、知る人ぞ知る存在だとわかる（図表3-1、3-2）。

また、第一回調査から第二回にかけ、「フェアトレード」のみが認知率を上昇させた。特定非営利活動法人フェアトレード・ラベル・ジャパンによると、2011年11月時点で約五百のフェアトレード認証製品が流通し、百四十以上の企業・団体がフェアトレード認証製品の輸入、製造、販売をしているという。その製品も、コーヒーやチョコレート、ワインといった食品に加え、コットン製品、スポーツボールにまで拡大している。このような動きが、認知率上昇の背景にある。

図表 3-1　各言葉の認知率

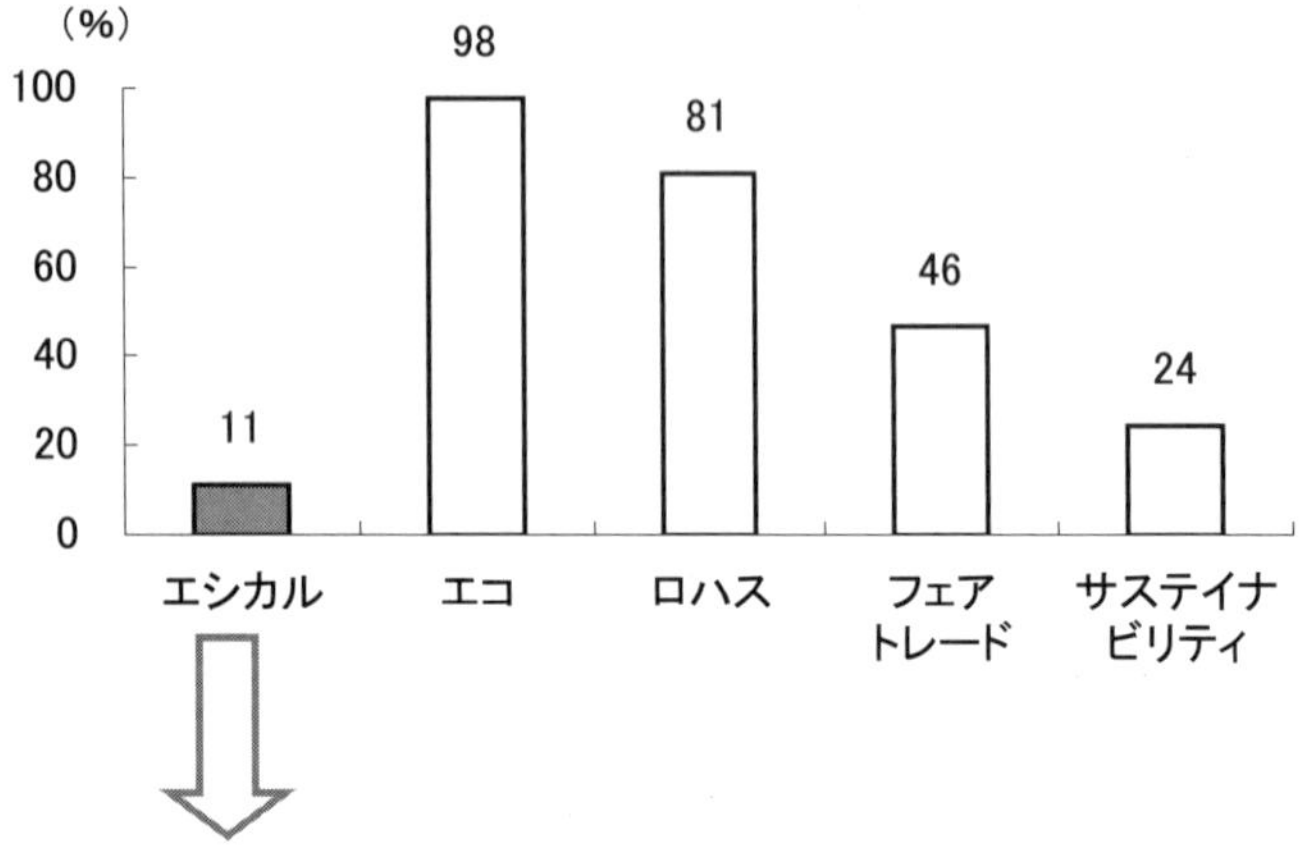

図表 3-2　エシカルの認知率の詳細

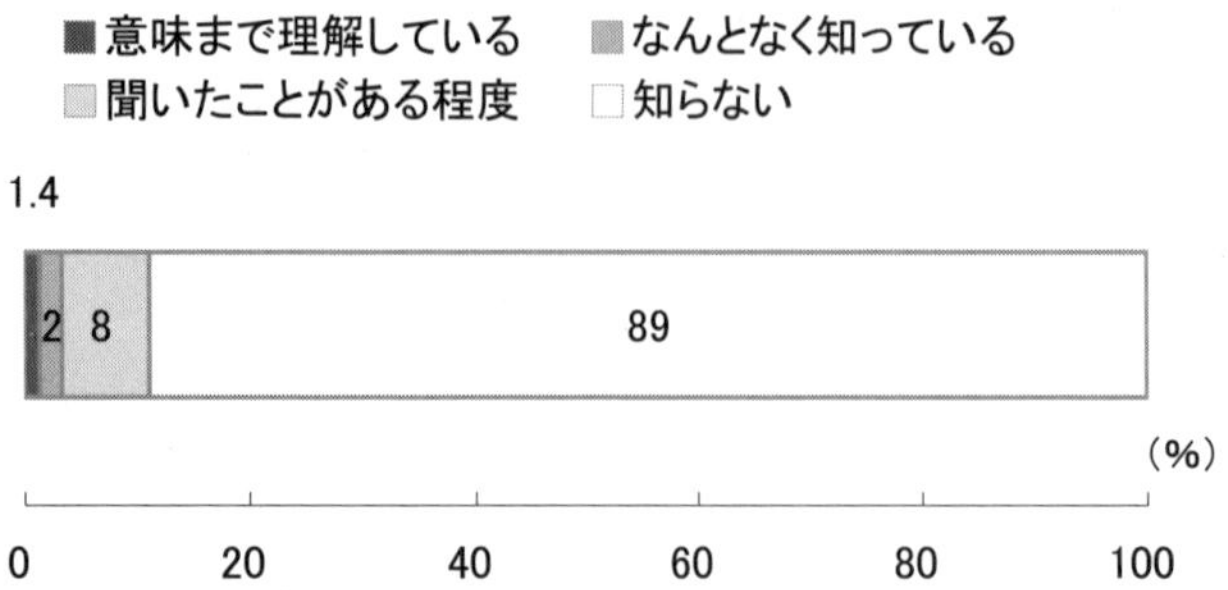

図表3-3　性別・年齢別 エシカルへの興味度

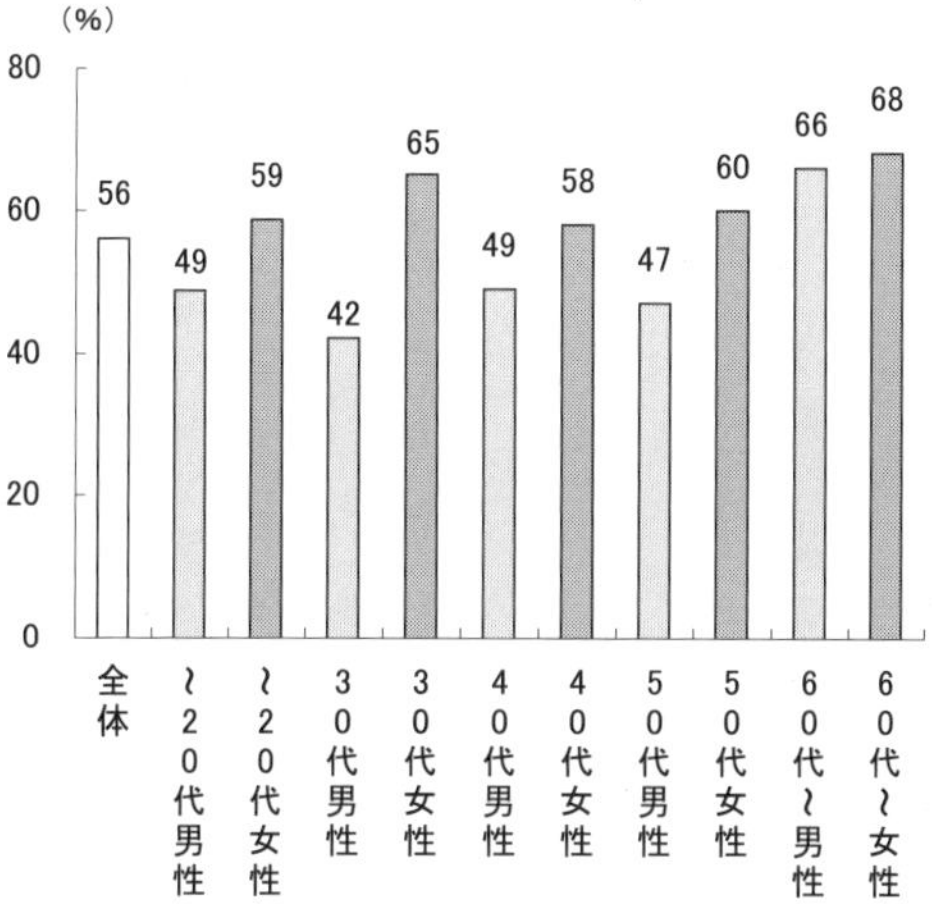

エシカルに「興味がある」は6割、「実践している」は3割

次に、エシカルについて解説した上で（「エシカル（ethical）」とは、人・社会や地球のことを考えた「倫理的に正しい」消費行動やライフスタイルを指します。エコだけでなく、フェアトレードや社会貢献等も含んだ考え方です）、興味の有無を尋ねた。

その結果、「エシカルに興味がある」人は56％に上った。言葉を知っている人は一割に留まるものの、その言葉が意味することに対してはその五倍もの人々がひきつけられるという点が、エシカルの今後の可能性を予感させる。なおこの興味度は、性別や年齢によって大きな差があり、男性よりも女性が高く、六十代以上が最も高い（図表3-3）。また、「エシカルを実践している」人は27％に留まり、エシカ

図表 3-4　エシカルの実践内容（実践者ベース）

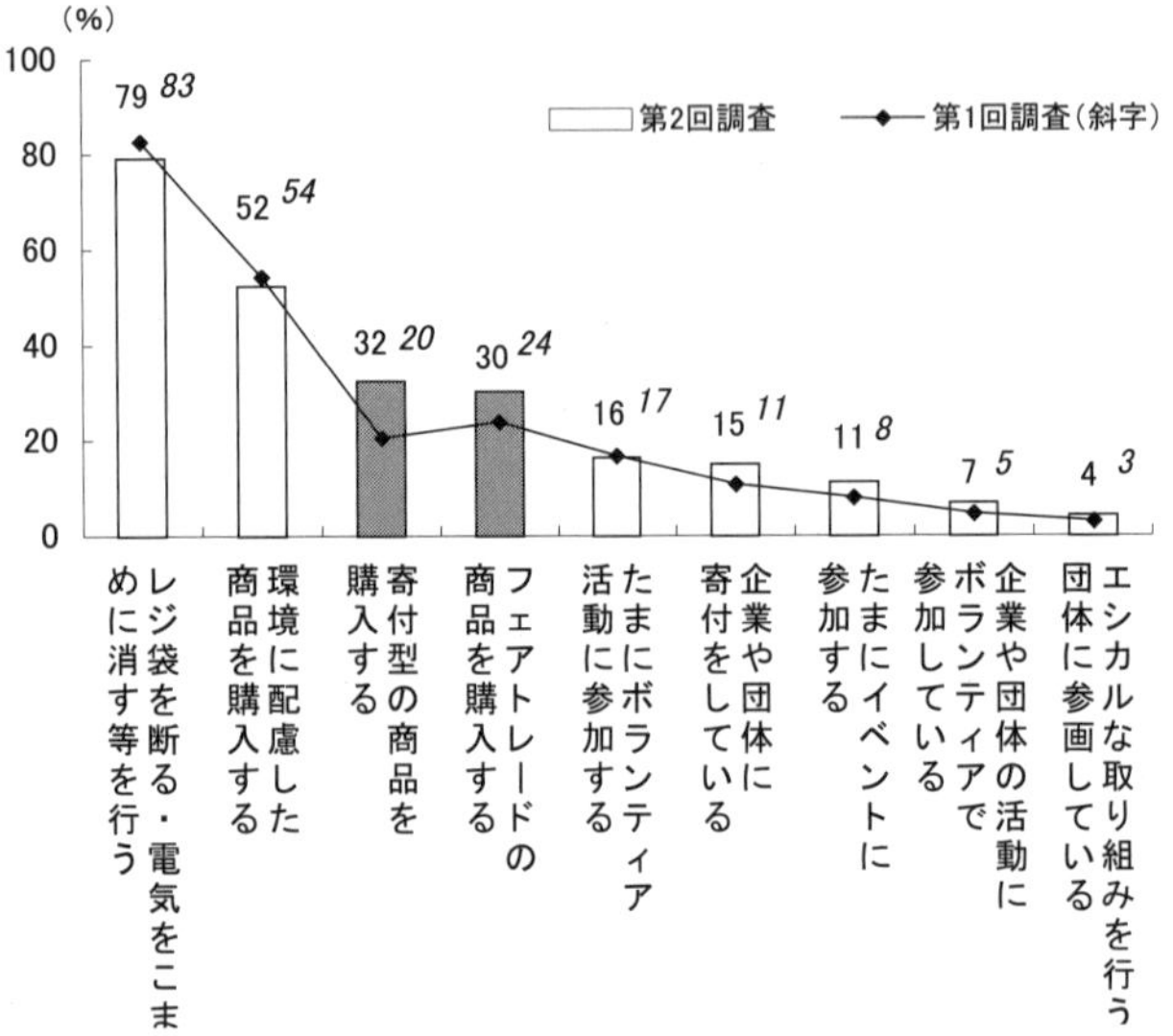

図表 3-5　エシカルの実践内容の増減（第 2 回調査－第 1 回調査）

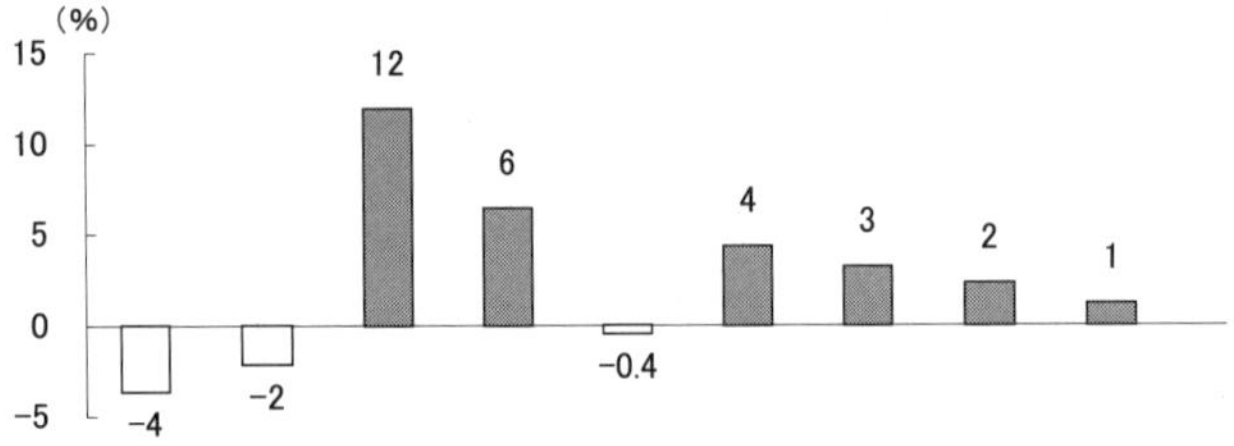

ルに興味ありの56％からは半減していた。

実践していると答えた人のみに尋ねたその内容では、「日常生活の中でレジ袋を断る、電気をこまめに消す等を行う」が最も高く、以下「環境に配慮した商品を購入する」、「寄付型の商品を購入する」、「フェアトレードの商品を購入する」が続いた（図表３‐４）。日常生活で実践できるエコ活動や、エコポイント・エコカー減税／補助金などが強く後押ししたと想定されるエコ商品の購入は、順当に五割を超えた。注目は「寄付型商品の購入」と「フェアトレード商品の購入」で、これらは、第一回から第二回にかけて数字が大きく上昇しており（図表３‐５）、近年のコーズ・リレーティッド・マーケティングの台頭や先述したフェアトレード商品や取り扱い企業の拡大を裏付ける結果となった。

なおエシカル実践度における性別・年齢による差は、先ほどの興味度と同じく、男性よりも女性が高く、六十代以上が最も高かった。

エシカルは時代の気分そのもの

続いて、エシカルに関する様々な意見への賛同率を調べた。それによると、「（エシカルは）今の時代に合っている」という人が79％という結果だった。「今後より一層増えて（広がって）いく

（67％）」と併せ、エシカルという考え方や価値観が、現在、及び、今後の時代の主流になりつつあることがうかがえる。

一方、「自分にとっては関係ない」が24％、「一部の人だけの考え方だ」は36％に留まった。後者は第一回から第二回にかけ6ポイントも数字が減少しており、エシカルはポジティブな捉えられ方が優勢だとわかる。なお、「漠然と怪しい印象を受ける」は30％で「自分が取り組めることを知りたい（59％）」、「国や自治体の取り組みについてもっと知りたい（57％）」、「企業や団体の取り組みについてもっと知りたい（56％）」といった前向きな項目に比べはるかに低かった。つまり生活者がより主体的に社会に取り組もうとする現在において、エシカルは生き方や暮らし方の指針として人々にポジティブに捉えられており、エシカルは今の時代の気分そのものと言うことができる。

ただし、先ほどの認知率と同じく、「最近よく見たり聞いたりする（13％）」、「実際に取り組んでいる企業・団体を知っている（15％）」という現状を踏まえ、「現状についての情報が少ない（81％）」、「分かりやすい解説や説明を知りたい（65％）」といった生活者の声に対応していくことが、今後のエシカル普及に向けた課題といえる。

図表3-6　暮らし方や生き方に関する意見

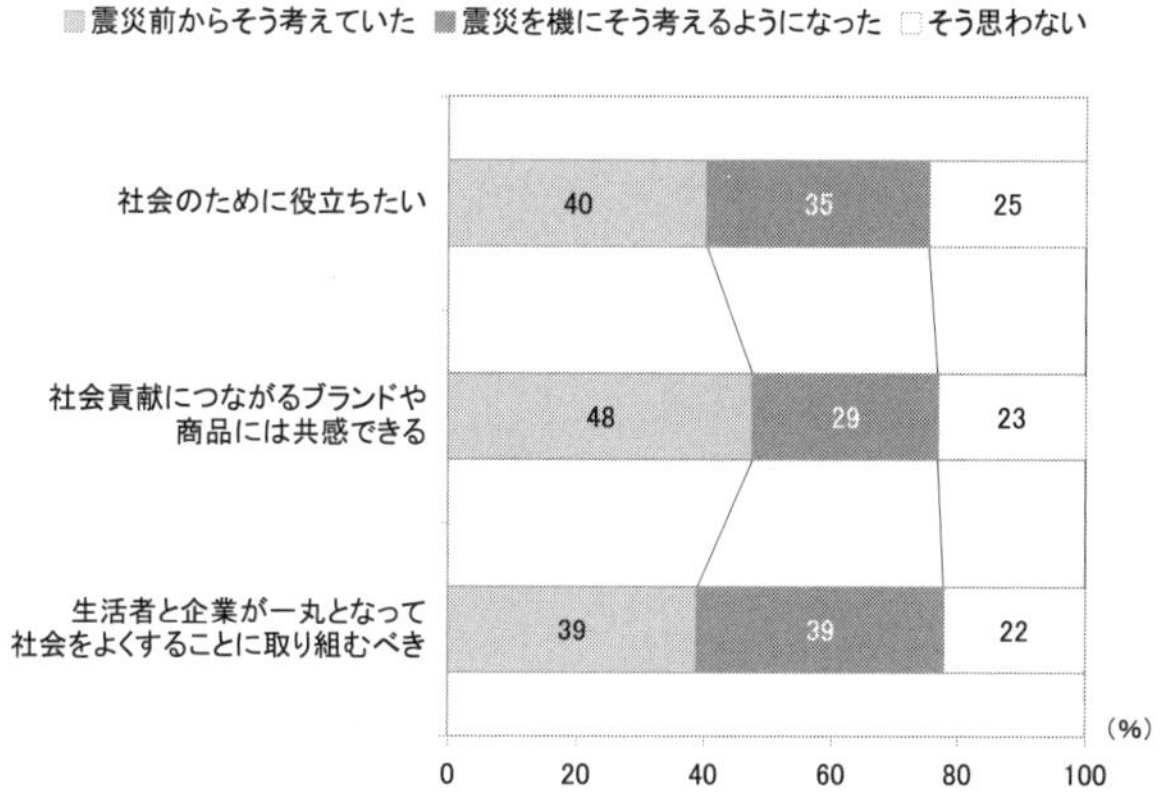

東日本大震災がもたらしたインパクト

第二回調査を行う上で、私たちが注目した点の一つに東日本大震災の影響がある。未曾有の大地震とそれに伴う津波、またそれらにより起こった東京電力福島第一原子力発電所事故は、東北地方を中心とした広範囲に深刻な被害と電力不足をもたらした。それと同時に、多くの人々に対して改めて社会との関わり方を問い直し、他者への配慮に目覚める大きなきっかけになったのではないかと私たちは考え、それらを量的に裏付けることを目指した。

暮らし方や生き方に関する意見では、「社会のために役立ちたい」に約8割が賛同した。時期の内訳をみると、「震災前からそう考えていた」が4割で、「震災を機にそう考えるようになった」を上回った。同じく、

「社会貢献につながるブランドや商品には共感できる」は、震災前からの賛同が約5割を占め、震災を機にした賛同は3割であった。これらの結果から、今回の震災を機に意識が変わったという人も一定数みられたが、震災が起きる以前から社会（貢献）を意識している人の割合が多いことが分かった。

一方、「生活者と企業が一丸となって、社会をよくすることに取り組むべき」への賛同率は約8割で、時期の内訳は震災前後で同率となった（図表3-6）。つまり、よりよい社会の実現には生活者と企業のパートナーシップが必要と考える人が、今回の震災を機に倍増したのである。

2011年12月5日、ホットランド（たこ焼きチェーン「築地銀だこ」を展開）は、本社を群馬県桐生市から宮城県石巻市に移した。本社移転により復興支援に継続的に取り組むという。加えて、東北における事業を拡大させ、雇用を増やすという。このホットランドの取り組みは、「よりよい社会（被災地における震災からの復興）に向けた企業と生活者（雇用される従業員や顧客）のパートナーシップ」として象徴的な事例である。

調査では、エシカルとビジネスの関係性についても尋ねた。「（エシカルのような）活動とビジネスは両立できる」には66％があてはまると回答しており、かつその項目は、第一回から第二回にかけて数字が上昇していた。これは生活者自身の、今後の企業との関わり方への決意表明であり、エシカルな時代を生きる企業へのエールと捉えることもできる。

図表3-7　エシカルに取り組むべき業種（第2回調査）

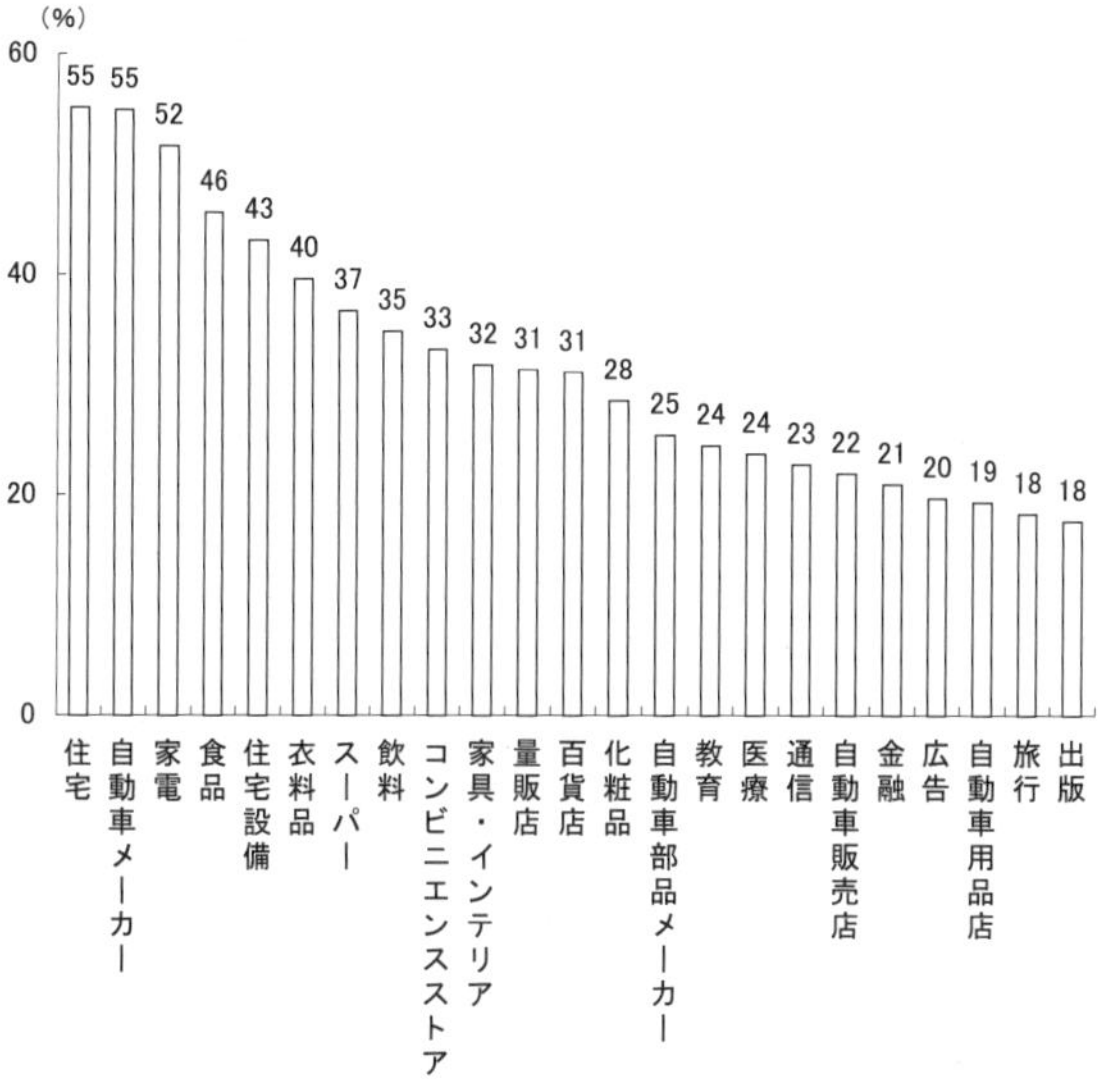

エシカルに取り組むべき業種は、衣（移）、食、住

エシカルをビジネスと結びつけるメリットについて、もう少し掘り下げていきたい。企業活動とエシカルの関係について尋ねたところ、「（エシカルは）今後の企業活動においては不可欠である」が68％で、「今後そのような活動に取り組む企業は増えていく」も76％に上った。このように生活者の多くは、これからの企業活動においてエシカルという考え方、もしくはそうした発想に基づく行動を取り入れていくことが欠かせないと考えている。

そして、「そのような活動を行っている企業は好感が持てる（74％）」、「そのような活動を行っている企業は親しみやすい（65％）」という結果は、企業がエシカルに取り組むことで生活者からの支持が集まり、結果としてその企業のファン増加につながることを示している。

ファン化に留まらず、「同じような商品であればそのような活動を行う企業の商品を選びたい（59％）」、「そのような活動を基準に企業やブランドを選択したことがある（30％）」と答えている。なお後者は、第一回から第二回にかけて増加傾向にある。

続いて、生活者が選ぶ「エシカルに取り組むべき業種」について触れたい。最も多かったのは「住宅」で、以下、「自動車メーカー」、「家電」、「食品」、「住宅設備」、「衣料品」と続いた（図表3－7）。それらは全て「衣（移）・食・住」のいずれかに該当しており、生活の基本となる商品・サービスを展開する業種ほど、エシカルが求められる傾向にあることがわかる。

生活者が求めているのは「本業を通じた社会的課題の解決」

「企業もエシカルであること」への期待が高まる中で、企業は具体的にどのような取り組みを行っていけば生活者に支持され「エシカルな企業として認められる」のか、逆に何をしたら「生活者との関係構築に支障をきたす」のだろうか。

実際に企業やブランドが行っていた場合、自身の商品選択にプラスの影響があることを尋ねると、

図表 3-8　商品選択にプラスの影響がある企業活動

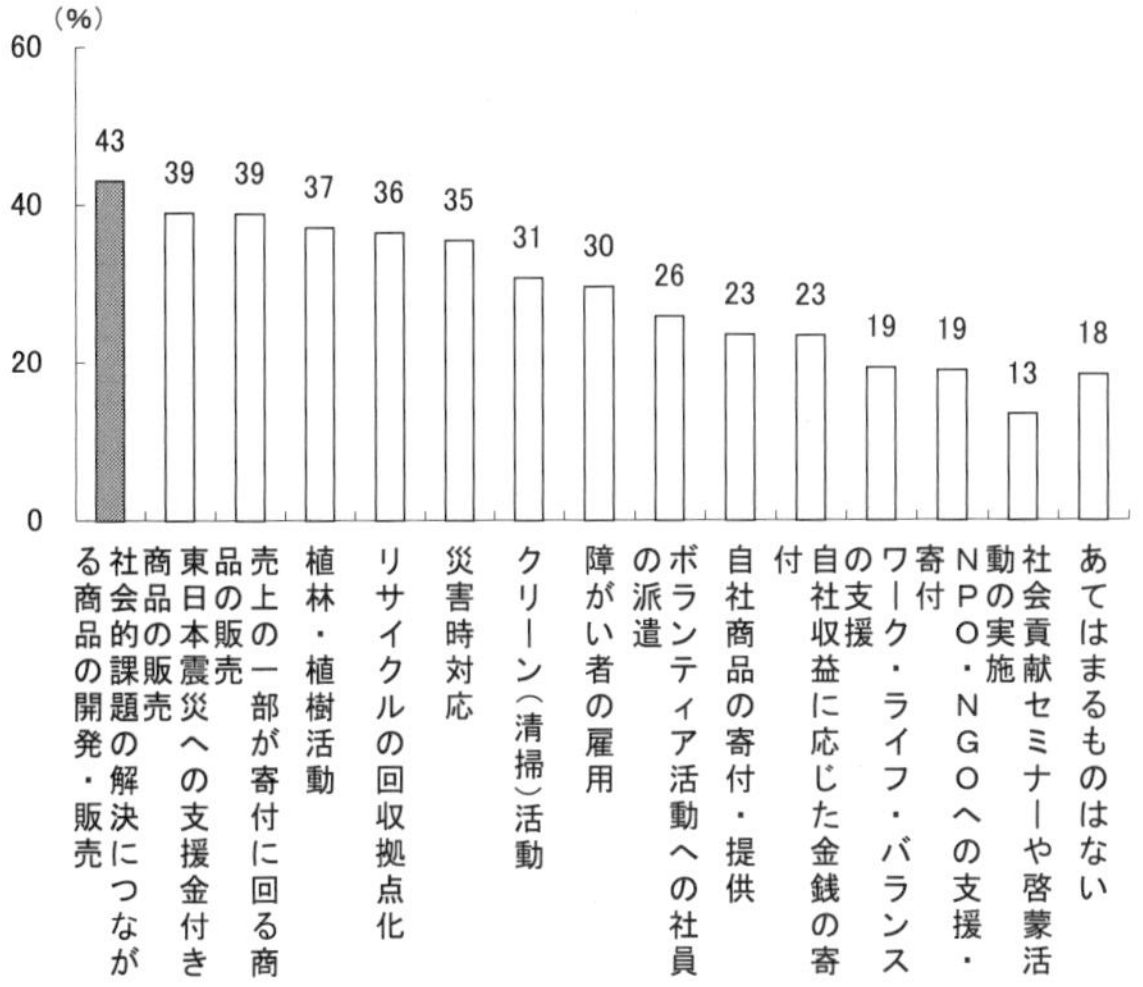

「社会的課題の解決につながる商品の開発・販売」が最も高く、「東日本震災への支援金付き商品の販売」、「売上の一部が寄付に回る商品の販売」、「植林・植樹活動」、「リサイクルの回収拠点化」、「災害時対応（食品・飲料等の備蓄、避難場所として拠点を活用等）」、「クリーン（清掃）活動」が続いた（図表３－８）。

　生活者が企業に最も強く求めているのは「本業を通じた社会的課題解決」であり、それを実現できる企業こそが、エシカルな企業ということである。先ほどのホットランドの事例でも触れたように、いくら世のため人のためとはいえ、慈善による活動では問題の本質的な解決に迫りにくく、何よりその活動自体が持続可能とは言いがたい。だからこそ、ビジネスを通じた社会的課題の解決が有効であり、生活者の期待も高

図表 3-9　商品選択にマイナスの影響がある企業活動

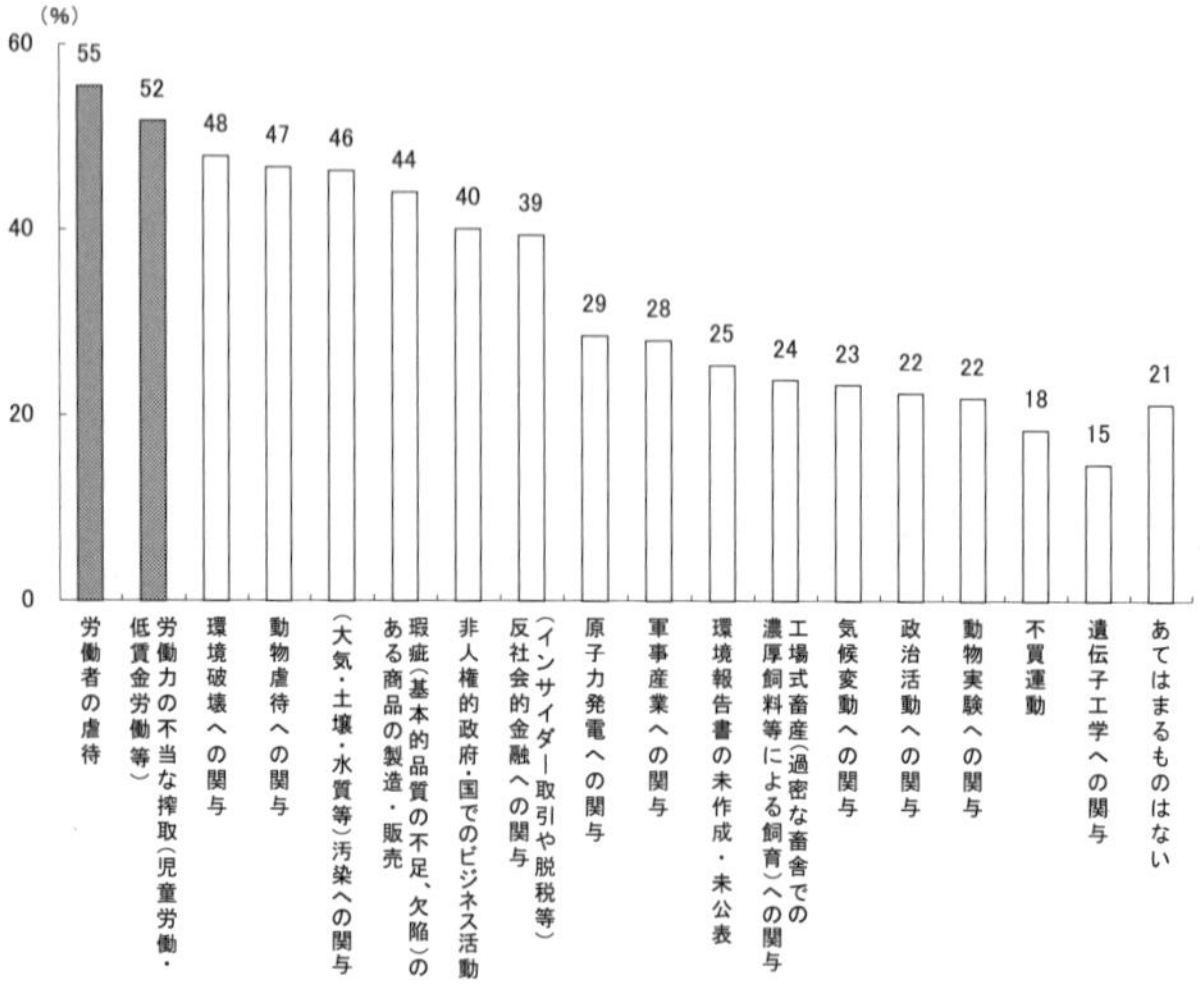

まっている。

また、植林や清掃活動といった従来的な社会貢献活動に比べ、社会的課題解決につながる商品の開発・販売や売上げに応じた寄付が可能な商品の販売の方が支持されていることが分かった。このように、事業で得た利益を基に社内リソースを使うなど、極力コストを掛けずに＝「本業とともに」行われていた企業の社会貢献活動は、自社の得意分野で＝「本業として」売上げに貢献するマーケティング活動への転換が今求められている。

一方、実際に企業やブランドが行っていた場合、自身の商品選択にマイナスの影響があることについては、「労働者の虐待」、「労働力の不当な搾取（児童労働・低賃金労働等）」、「環境破壊への関与」、「動物虐待への関与」、「（大気・

土壌・水質等）汚染への関与」となった（図表３‐９）。

生活者が企業の非エシカル度をチェックする視点として、「人」にフォーカスを当てるのが特徴といえる。先ほどのエシカルに取り組むべき業種の上位は、関連企業を含め裾野が非常に広く、多くの雇用という点においても生活者が期待しているのかもしれない。

日本版エシカルコンシューマーは誰か

ここまで、性別や年齢別の傾向に一部では触れたものの、基本的には生活者全体のエシカルに対する態度や意識を解説してきた。しかし、実際にエシカルを企業のマーケティング活動として推進していくためには、生活者は均質でないことを認識する必要がある。プロフィールや価値観によって生活者をセグメントし、それぞれの特徴を把握した上で異なる対応・コミュニケーションをしていくことが求められる。

私たちは、先に紹介した「エシカル認知度」、「エシカル興味度」、「エシカル実践度」の三つの指標を用い、「エシカル実践（認知）層」、「エシカル実践（非認知）層」、「エシカル関心層」、「無関心層」の四つのセグメントを作成した。それぞれの定義は次のとおりである。
・エシカル実践（認知）層：５・４％　エシカルという言葉を認知し、エシカルの概念を実践している人
・エシカル実践（非認知）層：17・７％　エシカルという言葉は知らないが、エシカルの概念を実践している人
・エシカル関心層：32・９％　エシカルの概念を実践していないが、エシカルに興味・関心がある人
・無関心層：44・０％　エシカルに興味・関心がない層

エシカル実践（認知）層は先駆者であり、エシカル実践（非認知）層とエシカル関心層は主流派であり、無関心層はエシカルとは無縁の人びとである。現在の日本におけるエシカルコンシューマーとしては、エシカル実践（認知）層が当てはまる。まずはこの層の特徴を細かくみていこう。

世界・社会とつながりたいエシカル実践（認知）層

そのボリュームからも明らかなように、エシカル実践（認知）層は典型的なイノベーターである。調査では、「多方面のジャンルの雑誌を読んで情報収集している」、「自分が入手した情報は積極的

図表 3-10　セグメント別デモグラフィック特性

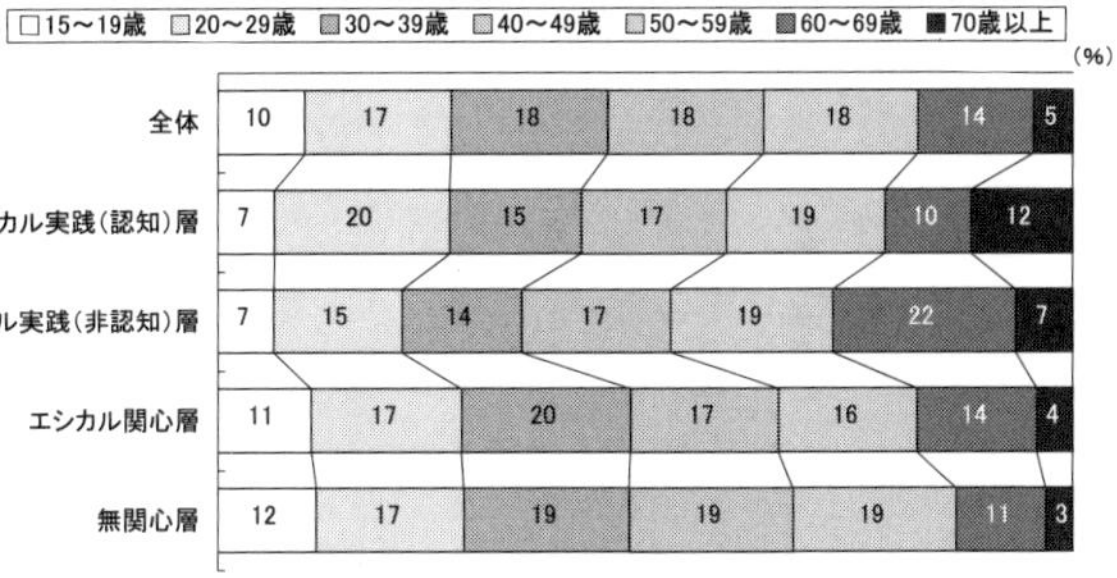

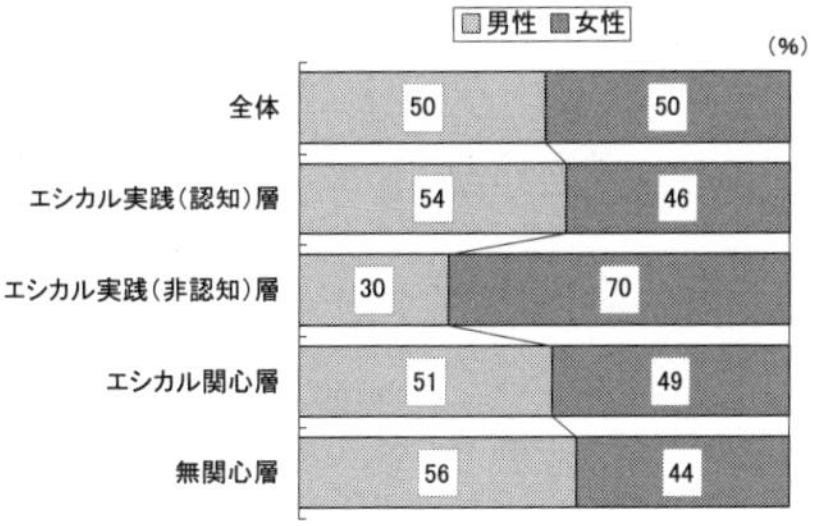

に発信している」、「新製品や良いものがあると人に勧めることが多い」、「人や社会のために役立ちたい」、「天然・自然成分をうたっている商品を選ぶ」、「商品そのもののよさに加え、作り手や提供側の姿勢・こだわりを重視する」といった意識が非常に高いという特徴がみられた。デモグラフィック上の特性については、二十代の構成比、及び、男性比率が全体よりもやや高いという結果になった（図表３-10）。

　意識の高さが消費の実態にも反映されており、各商品の保有率を尋ねると、「オーガニックコットン製品：31%（全体は10%）」、「フェアトレ

図表3-11　セグメント別エシカルな商品・サービスを検討する理由（検討者ベース）

(%)	環境に配慮する満足感が得られるため	日常生活で資源やエネルギーをムダにしている実感があるため	子供たちの未来に役立てたいため	社会に対して貢献している満足感が得られるため	結果的にコストの低減・削減につながるため	個人よりも社会全体の利益が大切だから	世界とのつながりが実感できるため	世界を変えられるという実感が得られるため
全体	51	46	46	38	34	24	16	14
エシカル実践（認知）層	55	46	55	52	27	27	32	23
エシカル実践（非認知）層	55	59	58	31	50	24	16	20
エシカル関心層	49	40	38	45	24	28	15	9
無関心層	47	35	35	25	31	10	10	8

ードの食品・飲料：29％（同6％）」、「フェアトレードの衣料品・雑貨：24％（同4％）」などとなった。ブランドの保有率においても、「ピープル・ツリー：10％（同1％）」、「マザーハウス：5％（同0・5％）」と、彼・彼女たちが時代に先駆けた人びとであることが分かる。

それでは、この層がそうした商品に心惹かれる理由は何であろうか。エシカルな商品・サービスの検討理由を尋ねると、「環境に配慮する満足感が得られるため」が最も高かったが、この項目については全てのセグメントで高く大きな差はみられなかった。このセグメント特有の傾向は「世界とのつながりが実感できるため」、「社会に対して貢献している満足感が得られるため」であった（図表3‐11）。人や社会のために役立ちたいと願う彼・彼女たちにとって、自社の商品・サービスこそがその想いを実現できるものであり、それらを通じていかに世界とつながる手ごたえを感じさせるかが鍵となる。

合理的に判断するエシカル実践（非認知）層

次に、エシカル実践（非認知）層について解説する。まず年齢のボリュームゾーンが六十代にあり、女性が約七割を占めるのがポイントである（図表３‐10）。

この層の最も大きな特徴は、エシカルな商品・サービスの検討理由で、「結果的にコストの低減・削減につながるため」、「日常生活で資源やエネルギーをムダにしている実感があるため」が、この層では特に高い（図表３‐11）。つまり、日ごろの生活における浪費やムダ遣いに対するネガとその削減への期待が、結果として、エシカルの実践を促していると言える。そのためこの層に対しては、自社の商品・サービスを使用することでコスト節減が図れると訴えることが重要になる。

同様の指摘が、フィリップコトラーの『コトラーのマーケティング３・０』（朝日新聞出版２０１０年）にも登場する。コトラーによると、「環境に配慮した製品・サービスの市場は四つのセグメントに細分化できる。トレンドセッター（トレンドを決める人）、バリューシーカー（価値を求める人）、スタンダード・マッチャー（標準に合わせる人）、コーシャス・バイヤー（慎重な購入者）である」（偶然にも「四つのセグメント」分類という点で一致した）。トレンドセッターについては、「新しいアイデアや技術を最も積極的に受け入れる」とし、「当該製品を採用する最初の顧客になるだけでなく、市場におけるインフルエンサー（影響を与える人）にもなるので、友人や家族に製品を推奨するプロモーターになってもらおう」としている。この内容については、先ほどのエシカル実践（認知）層の特徴とほぼ重なる。

さらにコトラーは、「熱心な環境保護主義者のニッチ市場にとどまっていたのでは、グリーン製品は成長段階に向けて離陸することができない。（中略）インパクトを持つためには、市場で広く受け入れられることが必要」として、バリューシーカーとスタンダード・マッチャーの攻略の重要性を説く。

バリューシーカーについては、「コスト効率がよければグリーン製品を購入する。このタイプの消費者は、グリーン製品だからといって割増価格を払おうとはしない。（中略）グリーン製品の使用によるコスト節減をマーケターが指摘できることも必要」とコトラーは説く。このバリューシーカーに関する指摘は先ほどのエシカル実践（非認知）層の説明と重なり、そのアプローチ方法もほぼイコールであると考えられる。

震災で目覚めたエシカル関心層

それでは、エシカル関心層へのアプローチはどのように考えていくべきか。この層は三十代の構成比・男性比率が高いが、いずれも全体傾向に比べ大きな差はない（図表３－10）。

エシカル関心層と同じくセグメント上の三番目に位置する、スタンダード・マッチャーに対するコトラー評をみると、「バリューシーカーが実利的あるのに対し、スタンダード・マッチャーはより保守的だ。彼らはまだ業界標準になっていない製品を購入しない。人気のある製品だということが、彼らの最も重要な購入理由になる」としている。

私たちの調査では、やや異なる結果が出ている。エシカルな商品・サービスの検討理由をみると、エシカル実践（非認知）層にあった浪費やムダ遣いに対するネガやその削減への期待は低く、全体を下回る結果となった。一方、「社会に対して貢献している満足感が得られるため」は、全体を上回り、エシカル実践（認知）層の値に迫った。加えて、「個人よりも社会全体の利益が大切だから」は、エシカル実践（認知）層をしのぎ、四つのセグメントの中でも最高値となった（図表３－11）。

これらの結果から、エシカル関心層は、意識においてはエシカル実践（非認知）層よりもイノベーターであるエシカル実践（認知）層に近く、より社会への関わりに対してポジティブだと分かる。

これは、震災の影響が大きいと考えられる。なぜなら、先ほど普段の暮らし方や生き方に関する意見で挙げた「社会のために役立ちたい」、「社会貢献につながるブランドや商品には共感できる」、「生活者と企業が一丸となって、社会をよくすることに取り組むべき」の三点において、「震災を機にそう考えるようになった」のみを取り出して、四つのセグメントを比較すると、いずれもエシカル関心層の値が最大になっていた。

つまり、被災地支援やボランティア、寄付などの拡がりの中で、エシカルであることがこれからの「日本人の標準」として受け入れてもらうことが、エシカル関心層を取り込むのに必要なアプローチである。

●参考文献
・フィリップ・コトラー著　ヘルマワン・カルタジャヤ著　イワン・セティアワン著　恩藏直人 監訳
藤井清美 翻訳「コトラーのマーケティング3・0」朝日新聞出版2010年

第4章

エシカルで
ビジネスを行う
ということ

エシカルを通じて消費を変える先駆者たち

前章では、エシカルのポテンシャルについて数字を用いて解説した。特に後半は生活者が求めている企業にとってプラスに作用するエシカル要素や、マイナスの影響のある非エシカル要素などに触れ、エシカルのビジネスへの活用、及び、エシカルでマーケティングを行う上で参考となる四つの生活者セグメントに関して言及した。

これを受けて第四章では、実際にエシカルというコンセプトを掲げビジネスを行っている人、まさにこれから行おうと準備している人、計四名にフォーカスを当てる。エシカルとの出会い、ビジネスを行うに至った背景や問題意識、現在の状況、今後の展望に触れながら、エシカルという共通のコンセプトに集った、年齢も性別も人生のバックグラウンドも異なる四名のストーリーをご紹介していく。

世界と一緒に輝く ―白木夏子
（株式会社ＨＡＳＵＮＡ 代表取締役兼チーフデザイナー）

「エシカルジュエリー（ethical jewelry）」という言葉をご存じだろうか？ジュエリー事業を行う上で、途上国からフェアトレードで原材料を調達する、環境に配慮された手法で採掘するというように、地球や環境、そして人に優しいプロセスを経て生まれた宝飾品のことを指す。

白木夏子さん（30）は、エシカルジュエリーの制作・販売ビジネスを通じて途上国支援を行う株式会社ＨＡＳＵＮＡの代表取締役兼チーフデザイナーである。恋人同士の愛の象徴であり、親から子、孫へと引き継いでいく大切な絆であり、自分を輝かせ気持ちを高揚させるためにあるジュエリーの裏で、途上国の貧困層が搾取されたり、その売却代金がテロや紛争に用いられるケースもある現実を変えるため、２００９年４月に会社を立ち上げた。「途上国の生産者から身に付ける購入者まで、ジュエリーにかかわる全ての人たちが笑顔で輝く社会を実現する」ことをミッションに掲げる。

白木夏子さん

自然体の変革者

2010年1月、それまで主にデスクリサーチを行っていた私たちにとって、初めてとなるインタビューが実現した。その相手が白木さんであった。まだエシカルに関する情報が今ほど流通していない中で、エシカルという考え方、起業に至ったプロセス、ご自身を含むビジネスで社会課題を解決しようとする「社会貢献3・0」世代などの話を伺った。

※当時のインタビューの詳細はプロジェクトのサイト（http://www.delphys.co.jp/service_menu/report/201003_01.pdf）を参照いただきたい。

青山のこどもの城近くの雑居ビルの一室を同じく起業した何社かでシェアしたオフィスで、彼女は社長兼従業員として、文字通り孤軍奮闘していた。「世の中を変えたい」という熱意は感じられたものの、その知的な外見も手伝って気負いや力みは微塵も感じなかったのが印象的だった。当時の取材メモの最後にはこう書いてあった。

「自然体。全ては彼女が感じた不自然さを自然な状態に持っていく作業なのだ。学生時代の原体験をベースにして、人として当たり前に、必要だと歩んだ結果がエシカルであり、HASUNAなのだろう。コネクトできる彼女にとって世界は地続きだ。」

＊　＊　＊

このインタビューを通じ、これから「エシカル」という考え方や理念は支持され、大きな潮流になるという、確信めいたものが持てた。この波に遅れずに、本気で取り組まなければと強く思った。

それから約2年ぶりにお会いした白木さんは、以前より物静かな印象を受けた。それは情熱が冷めたというわけではない。以前とは違う圧倒的な存在感がそこにあった。

南青山に根を下ろしたＨＡＳＵＮＡ

――以前インタビューさせていただいたのは２０１０年1月でした。それから約2年、メディアに取り上げられたり、南青山にお店をオープンされたりと、環境が大きく変わったかと思います。この2年を振り返っていかがですか。

「まずエシカルな商品を求められるお客様が増えたことに驚いています。特に、エシカルにこだわった結婚指輪・婚約指輪（ブライダルリング）をお求めの若いカップルが増えました。ブライダルリングは、お客様であるお二人の話を伺い、デザインをご提案し、お買い上げいただくものです。そこで落ち着いて打ち合わせできるお店が必要だったのです。そのため、２０１１年3月22日、震災の約10日後に南青山にオープンしました。」

――非常に難しいタイミングでの船出となりましたね。

「震災でジュエリーどころじゃないかなと心配しました。でもオープン初日に「開店を心待ちにしていました」というお客様が何組かいらしてくれました。そして嬉しいことに、開店以降も着々とお客様が増え続けています。震災を通して夫婦の絆を見直したお客様が、結婚三十年目の記念に、新たにリングを作っていただくケースもありました。」

――出店に対するリスクについてはどう考えましたか。

「もちろん、出店は大きな投資ですのでリスクはつきものです。百貨店の期間限定ショップなら百貨店のお客様が見込める利点があるのに対し、店舗はお客様にわざわざ足を運んでいただく必要があり、その点難しさはあります。

一方で、百貨店にいらっしゃるお客様はアクセサリーをお求めになるお客様が中心で、弊社のブライダルリングの顧客層とは必ずしも一致しません。まだお店がない頃は、ブライダルリングの商談をカフェで行っていましたが、落ち着いて話のできる場所を確保する必要がありました。

そして、百貨店の期間限定ショップ特有の難しさとして、出店場所やタイミング、ブランドコミ

南青山本店　外観

店内

ユニケーションが難しい点があります。出店場所の良し悪しで売上が増減することや、周囲の売り場の雰囲気と弊社の雰囲気が馴染まない場合や、催事ではブランドの世界観が伝えにくく、お客様の声が取りにくい等の問題がありました。

２０１０年６月頃から出店を検討し始め、当初は銀座を中心に探しましたが、良い物件が見つかったので南青山に出店を決めました。青山の落ち着いた環境も気に入っています。

おかげさまで出店以降の売上は右肩上がりで伸びています。お店ができたことで様々な商品を見ていただく場ができ、弊社の世界観をご理解いただく機会も増えました。ふらっとお店に立ち寄られて一旦出られた後、また戻られて買っていただくお客様もいらっしゃいます。」

エシカルとともに広がる共感

――お客様に変化はありましたか？

「二年前は私の友人・知人や、エシカル・ライフを実践されているお客様がほとんどでしたが、最近は多様なお客様へと広がり始めています。テレビ、新聞、雑誌といったマスメディアから弊社を知ったという方も増えました。特にテレビで取り上げられると反響が大きいですね。また二年前と変わらず口コミの方もいらっしゃいます。以前ご利用されたお客様から勧められてご来店くださるお客様です。
最近増えてきたのはネット検索で弊社を見つけてご来店くださるケースです。知名度向上にともない、結婚指輪をお探しの方々の検索にヒットすることも増えたようです。ネットからご来店くださるお客様は、弊社のことを理解してご来店されます。店は最寄り駅からすこし離れていますが、弊社の理念に共感してご来店くださるお客さまです。
弊社のお客様は、情報感度が高く、ご自分でもソーシャルな活動をされている方が多い印象です。それから自分の生き方にポリシーや計画性を持たれている方、お互いの価値観を尊重されているカップルが多いように感じます。意外なところではヨガをされている方が蓮のジュエリーを探して、当店にいらっしゃることもあります。ヨガの雑誌に何度か取り上げていただいた影響もあるのだと思います。私もヨガをするのですが、ヨガによって生き方や考え方がより自然に、正しいことを求めてゆく、すなわちエシカルになっていくような気もします。」

――エシカルというコンセプトのメリットは感じますか。

「二年前に比べて、エシカルという言葉のメディア露出が増えてきました。弊社も『ワールドビジネスサテライト』やNHKの『BIZスポ』といった番組で取材していただいたり、雑誌や新聞に載せていただいたりしました。

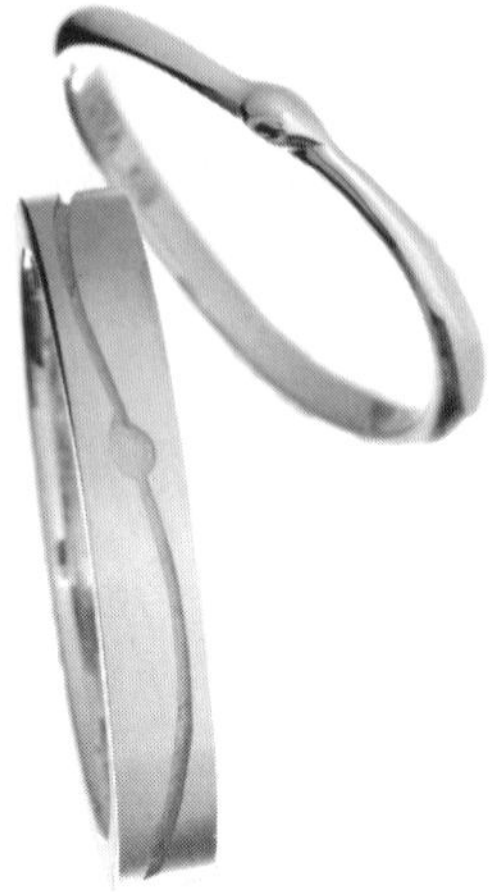

ブライダルリング

二年前はエシカルという言葉を見ることがほとんどありませんでしたが、最近ファッション業界で耳にすることが多くなりました。2011年7月に開催された繊研新聞社主催のIFF（インターナショナル・ファッション・フェア）では〝エシカル・ウェディング・ゾーン〟を作っていただきました。弊社から関係する何社かにお声掛けし、協業してゾーンを展開しました。このとき大きな反響をいただいたこともあって、2012年1月のIFFでも同様に展開させていただきました。」

さらに磨き上げる商品、組織、そして感性

――御社内における変化はありましたか？

「はい。二年もあると物事は動くと実感しています。二年前に『すべてをエシカルな素材で作りたい』

と目標を語りましたが、次の春夏のコレクションから全てエシカルな素材を使用したジュエリーコレクションをご提供できるようになります（ブライダルは既に１００％エシカルな素材を使用）。こだわり続けることに意義があると思います。

ダイヤモンドだけでなく、そのほかの宝石をさらに扱いたい考えもあり、２０１１年８月にパキスタンの鉱山を訪問しました。様々な石が採れる良い鉱山ですが、そこで働く人々は貧困層の少数部族の方々で、採掘された石の多くは中間業者に買い叩かれることが多い。そうではなく、それらの原石を、現地の女性たちに研磨していただき、適正な価格で購入することができるようにしました。

また、これは社内ではありませんが、私たちの取引先や提携先にも少しずつ理念が浸透してきていることを実感しています。特殊な加工技術を持つ工場とも提携し､デザインの幅も広がりました。こだわりを追求すればするほど、様々な情報が入ってきて、確実に達成できると実感しています。

次の春夏から新ラインを投入し、商品ラインナップを見直し、ブランドを大幅に見直します。経営判断の更なるスピードアップが求められていると感じています。」

――会社組織としての変化はありましたか？

「現在社員が三名で２０１２年４月からは五名に増えます。それに加えて、アルバイト四名、インターン三名です。社員はそれぞれ、デザイン、店舗運営、営業・PR、ITを担当してもらっています。役割分担することで、自分の権限と労力も分散できました。チーフデザイナーとしてのジュエリーデザインのディレクションや、会社の方向性を考えること、講演を通じて理念を伝えていくことなど、社長としてすべきことに集中できるようになりました。これはとても大きな変化です。

また学生インターンの皆さんとは良い関係が築けています。インターンの方からすると、小さな会社ですから経営判断などハイレベルな会社経営を実感できる場面が多い。彼女たちには即戦力として時間や労力が掛かる業務に本腰を入れて取り組んでいただいています。

経営に関しては当たり前のことを当たり前に取り組むことの大切さを実感しています。デザイン、マーケティング、PR、接客、どの業務にしてもプロフェッショナルとして甘えは一切許されません。」

——経営者としての白木さん自身はいかがですか？

「組織拡大にともない、自分はデザインと経営に注力できています。また、社員が増えて、社長として責任を持ち、いついかなる時も落ち着いて社員を率いていかなければいけないという自覚も芽生えました。

また、ジュエリーは普遍的な芸術品の要素が大きいことに今更ながら思い至りました。芸術品としての価値を高めていく意義があります。十年二十年先を考えて、まずは自分自身がデザイナーとして芸術性を深めていくことの重要性を感じ、書籍や国内外の美術館を巡ったりしています。アートや美を追求し、かつエシカルであるというのが理想です。芸術を知れば知るほど、その世界は決して感性や技術だけでは成り立たず、歴史や理論も重要であることが分かります。私は母親が昔ファッションデザイナーをしていたので、家庭環境はクリエイティビティに満ちていましたが、理論を勉強したことは今までありませんでした。ですので、系統立てて芸術論や歴史を学ぶことの重要性を実感しています。

私の夢の一つに、途上国のデザイナーやアーティストを支援する組織を作るというのがあります。弊社のデザイナーとしての採用も考えられますし、アーティストとして自らの分野を追求したい人を支援する仕組みを作りたい。何か光るものを持っていても、途上国では金銭的な理由で活動できない方が多いのです。その夢のためにも、いま私自身を磨く必要性を認識しています。」

日本初から日本発、ＨＡＳＵＮＡの物語は第二章へ

――今後、どんな新しい取り組みを検討されていますか。

「ブライダルとアクセサリーの他に、今年は新しいコレクションをリリースします。そのコレク

ションは、ジュエリー業界ではいわゆる王道のライン。ライバルが多く、競争が厳しいところです。昔からその王道で勝負したかったのですが、立ち上げから三年間でジュエリー業界の協力者も増えた今、ようやくそこで勝負できるようになるのは大きな挑戦だと考えています。

そしてこれら三つのラインを携えて、世界で勝負がしたいです。日本での更なる店舗展開も考えていますが、国境を超えて世界中の人たちに愛されるブランドに成長させたいと思っています。

私たちは日本のアイデンティティを大事にしながら、世界中から注目されるような独自のブランドを作りたいのです。私のゆかりのあるロンドンをはじめ、ジュエリーの本場ヨーロッパに店舗展開できたら素敵ですね。」

エシカルの今後

――なかなかエシカルビジネスのプレイヤーや競合が増えませんよね。それが市場拡大しない理由の一つと考えているのですが、いかがでしょう。

「仮に大手のジュエリー会社が〝エシカル〟ラインを打ち出すと、既存のライン・商品はエシカルじゃないの？　という話になるので、やりにくいでしょう。また、素材の調達が難しい上に、原価が高くなる。それが新たなエシカルプレイヤーが出てこない理由ではないでしょうか。

エシカルという言葉がさらに流通してくれればと思う一方で、どこかのプレイヤーがエシカルを主張して実はエシカルではないことを始めると、すべてのエシカルブランドに傷がつきます。そのような兆候がすでに見受けられるビジネスもあり、状況を注視しています。ＨＡＳＵＮＡでは真にエシカルな事業が何を意味するのか、継続的に調査研究しています。エシカルフレームワークという弊社独自のエシカル指針を専門家の方々のご指導・ご協力のもとブラッシュアップしています。人や社会、自然を慮ることはどういうことかを考え、その理念を取引基準や産地証明などの活動指針につなげる狙いです。」

――エシカルでビジネスを行うことを目指している方へアドバイスをお願いします。

「エシカルという言葉やコンセプトに甘んじず、ビジネスのプロフェッショナルとして、一般の会社で普通に行われていることを、まずはキチンとやること、これができないと成功はできないと思います。自分たちだけでやろうとせず、マーケティング、ＰＲ、経営等、理念に共感してくださるプロフェッショナルな方がたのお力をボランティアとしてお借りして、自分たちの力を最大限に引き出すことが成功の近道だと思います。

また、エシカルやエシカル消費に関する関心が高い最近の若者（二十代前半）にインターン協力いただくのも互恵的な関係が築け良いでしょう。」

――エシカル志向の若者ってホントに増えましたよね。

「大学の講演に呼んでいただく際も真剣な眼差しで聴かれる方が多く、若い方達からの大きな関心は日々感じています。HASUNAも大学の授業でケーススタディーとして扱われることもあります。私も、週一回の頻度で大学で講演させていただいています。ベンチャービジネス論や経営学、国際関係学、国際ビジネス論など切り口は様々ですが、学生たちの反応は良く、講演後はツイッターをはじめとするソーシャルネットワーク上でもよく話題に取り上げていただいています。」

――前回も聞いたのですが、白木さんにとって「エシカル」とは何ですか？

「最近強く思うことですが、エシカルとは「責任」であると認識しています。素材の出自を明確にし、そこに関わる人、起こっている出来事を企業が責任を持って確認する。倫理的ではない状況があったら改善する。私はHASUNAを通じて、末端の生産者と、消費者を結ぶ大切な役割を担っていると実感しています。エシカであることは、即ち企業の責任であると思っています。」

＊　＊　＊

前回の白木さんは「エシカルとは何か」という質問に対し、「人として当たり前のこと」と答えた。それに対し、今回は「自ら積極的に関与し、流れを変えていこう、作っていこう」という気概を強く感じた。

二年前と今の白木さんの違い。それは、経営者としての覚悟が育てた「達観」と言えばいいのだろうか？二年間で得た自信により、彼女は明確に自分、会社の未来を視ている。ビジネスを通じた社会課題解決に手ごたえを感じている。

そこから、ＨＡＳＵＮＡという企業の成長はもちろん、エシカル市場がさらに拡大していくだろうという、確信を得られた。

次回はロンドンに出店した頃に、ぜひインタビューしたいと思う。

人と社会のグリーンシフトを加速する ―川上征人

（チーム・グリーンズ株式会社 代表取締役）

川上征人さん

エシカルでビジネスを行うことは難しい。消費が冷え込む中、決してメジャーとは言えない商品で、同カテゴリー内に既にあるお馴染みのブランドに対抗しなければならないし、価格競争力も決して高くない。また、商品そのものの魅力に加えて、エシカルである理由を適度なバランスで訴求しなければならない。

さらにそれが異業種からの転身であれば、なおさら困難だと推測できる。

川上征人さん（42）のキャリアのスタートはＩＴ企業。十二年その業界で経験を積んだ末、百八十度キャリアチェンジを果たした。未知のフィールドである小売り業界に参入、グリーンでエシカルな商品をテーマにしたスマイル・

セレクトショップ「GREEN MAKES U SMILE!」を運営するチーム・グリーンズを立ち上げた。
２０１０年１月の立ち上げ以降、着実にファンを増やし、期待以上の成果を収めている。その功績が認められ、財団法人地球環境財団が主催する「第一回エシカルアワード最優秀賞」を受賞した。
さらには初の常設売場をオープンするなど明るい話題が続く中、キャリアチェンジ、チーム・グリーンズに込めた想い、自身のエシカル観について語っていただいた。

物質主義への違和感

――チーム・グリーンズを立ち上げたきっかけを教えてください。

「布石は学生時代にありました。私の同級生が大学に入学したのは丁度バブルの頃で、高校や中学からの知人が、親に買ってもらったと急に良い時計や高級ブランドの鞄など、学生には不釣り合いなものを持ち始めたんです。自分でバイトして稼ぐやつもいましたが、それでも変だなと思いました。社会全体がそういう状況で、かつ身近にいた知人の中身が伴っていない、上辺のお金の遣い方を見ておかしいと感じました。その前後から資本主義、物質主義への違和感は常に持っていたのですが。

自分はというと、二十歳を超えてから本気で勉強がしたくなって、幾つかのアルバイトを掛け持ちしてアメリカに留学し、国際政治や環境問題などを学びました。

帰国後、ＩＢＭに就職してがっつり働きました。会社に寝袋を持ち込むなど大変でしたが、仕事も面白く充実していましたね。但し大きなヤマが過ぎるとドッと疲れるので、リフレッシュの為に、年に二、三回ほど、十日前後の休みを取っていました。

その休みには、途上国を旅していました。いろんな国で、日本とは違う時間の流れ方、人の優しさ、自然の豊かさを感じました。中でも、人々の目の力強さが東京を歩くＯＬやサラリーマンとは全然違った。先進国が物質的な反映、右肩上がりの成長をする中で、得るものと同時に無くしたものがたくさんあるんだなと感じたんです。

そしてその頃から、将来何か現代人が元気になるライススタイルを提案する事業をやりたいと考えるようになりました。ロハスが出る少し前でしたが、自分でハーブを育てたりもしました。ＩＢＭで五年働いた後、関連業界に転職して七年法人営業のコンサルティングをやり、自分で納得のいく仕事ができたと思い、そろそろ原点に戻ろうと考えました。

そこで百八十度キャリアチェンジして、カーボンオフセットとグリーンコンシューマーマーケティングを事業の柱とするジーコンシャスに転職しました。そして、２００９年７月にジーコンシャスがグリーンエキスポ（副題「エコとオーガニックが大集合」）を主催した際、その事務局業務を通じて、素晴らしい想いを持っているブランド二百社と出会いました。また、アバンティの渡邉智

グリーンエキスポの会場内

恵子社長、生駒芳子さん、大和田順子さん、小松和子さんなど多くの人脈やご縁にも恵まれて、グリーンなライフスタイル提案に特化した会社を立ち上げようと考え、2010年1月にチーム・グリーンズを立ち上げました。」

――エシカルで小売に携わる方としては珍しく、全く別業界からの転身となりました。

「前職でマーケティングコンサルをしていたため、それが役立っている部分もあります。同時に、流通・小売りの素人だから良かったと思う点も多々ありますね。百貨店への出店にしても、業界の作法を知らず何もしがらみがないことで、チーム・グリーンズはこうあるべきだという考え方を貫けました。例えば2010年7月、結果的に最初の催事出店となったのは東急百貨店の渋谷駅・東横店一階の売場でしたが、実は他の百貨店さんからもお話を頂いていたんです。立ち上げ当初のブランドは、大手から頂いたオファーは受けるのが普通だと思いますが、理想の売場作りが難しい内容だったのでお断りしました。当時は「スタートアップだからこそ最初が肝心だ。納得できない条件を受け入れても後が続かず失速するだけ。逆に、最初に注目を集められれば後からいくらでも声

東急東横店の売り場

は掛かる」と考えていました。それにメーカーの方々に協力していただくので、彼らが本当に満足する結果を残したい、満足できる形で各ブランドを露出してあげたいという気持ちもありました。

出店中に繊研新聞に取り上げていただき、その結果、多くの百貨店バイヤーが売り場に来てくださり良い商談を頂く、という風にその後は順調でした。エシカルなショップ作りについては、いくらスライドを見せても伝わらないんです。現場でお客様が喜んでいる姿を見てもらうのが一番ですね。

――売り場も非常にまとまっていて、初めてなのにすごいと感じました。ご自身でやったのですか。

「最初の頃はパートナーブランドにも相談しながら決めていました。要所は自分で決めましたが、あとはそれぞれのブランドが何を持っているかを見ながら決めていきました。東横店の時は、ＦＡＲ ＥＡＳＴさんが素敵なアンティークの什器を持っていたんですが、それが全体にインパクトを与えるのに非常に役立ちました。」

「チーム」グリーンズの真髄を見た日

――出店された日から手ごたえはありましたか。

「ありました。私自身初めの出店でしたので、お客様の反応が非常に良く、喜んでくれている姿を見て感動しました。結果リピーターも多く、（ウチはいつもそうなるのですが）催事では珍しく後半に掛けて売上げが伸びたんです。

それには接客も非常に影響しています。チーム・グリーンズの売り場では、エシカルジュエリーのＨＡＳＵＮＡさんや、ファションのＰｉｅｃｅ ｔｏ Ｐｅａｃｅさん、オーガニック食品のＦＡＲ ＥＡＳＴさんなど色々なブランドの店員が立っているのですが、互いに各ブランドのことが好きなんで、あるブランドの店員がいない時も、別のブランドの店員が「このワインにはこのドライフルーツが合うんです」、「この石鹸は実際にお使いになったアトピーの方がこう仰ってくれて」とお客様に本物の笑顔で説明していました。

社名の由来に、まだエシカル市場は小さいので互いに競争するのではなく、チームで共創していこういうことがあります。製造方法などで細かな差異はあっても大きな方向性は同じですから、競合して顧客を奪い合うよりも、今はグリーンなブランドが一緒に、マーケット拡大に取り組んでいくべきステージだと思っています。そういう想いで名前を付けましたし、エシカルなブランド同士の相性が良いというのは何となく分かっていましたけど、実際に別ブランドの店員同士がお互いをリスペクトして、お客様に他社の商品も勧めている姿を見て感動しました。」

――初歩的な質問ですが、出店まではどのようなプロセスになるのでしょうか。

「半年から3ヶ月前に出店が決定します。その後バイヤーとテーマやターゲットを決めていき、商品をセレクトしていきます。選定にあたりバイヤーに相談しますが結果的には自分で決めています。販売員のコミュニケーション力も大事です。有名なパンツブランドの銀座店店長をやっていた方と縁があり、立ち上げ以来ずっと手伝ってもらっています。彼女を中心とした四人、それから私と私の妻。ずっと同じ顔ぶれです。エシカルやグリーンという背景を理解し、メーカーさんから商品に関するレクチャーも受けるので商品が変わってもちゃんと説明できます。」

――商品はどうやって選ばれているのですか？

「90％くらいはウチからオファーします。ただ、狭い世界なので知人から紹介されるケースもありますし、メーカーから直接相談をもらう場合もあります。」

グリーンな売り場を全国に自然増殖させたい

――繊研新聞社主催の展示会「プラグイン」で「GREEN LIFESTYLE DESIGN ゾーン」をプロデュースしている目的・きっかけを教えてください。

「チーム・グリーンズの四人の発起人の中に、繊研新聞社と付き合いが長いメンバーがいたのが直接のきっかけで、二年前から春・秋の年二回運営しています。目的はチーム・グリーンズのビジョンである「人と社会のグリーンシフトを加速する」に関係しています。

ビジョンを具体的に言い換えると、人々のライフスタイルや社会の価値観の変化を反映して（またはリードして）、新宿伊勢丹や名古屋栄の松坂屋、梅田の阪急といった日本を代表する売り場が、エコやエシカルというライフスタイル軸で一フロアを作るような時代になる、ということです。百貨店の売り場は、人や社会が求めていることが反映される場だと思っています。今はヤング、ミセス、メンズと紋切り型ですが、五～七年後には、同じフロアでオーガニックワインや食品やオーガニックコットンの洋服が買える。それが当たり前になることが目標なんです。もちろん、それを加速する一番の担い手がチーム・グリーンズでありたいと思っていますが、それはチーム・グリーン

プラグインの会場

ズだけでは実現できないので、全国のバイヤーにグリーンなストーリーを持った商品を集めた売場作りを提案する場としてグリーン・ライフスタイル・デザイン企画を続けています。

起業したばかりでも非常に良いブランドがあるし、廃れ行く優れた伝統技術を盛り立てていこうというブランドもあります。そういった作り手たちをバイヤーにつないでいきます。それぞれの商品の背景に共感できるストーリーがあるので、バイヤーの皆さんも早足をとめて、私たちのゾーンをじっくり見て回ってくれる。だからすごく盛り上がるんですよ。そうやって、エシカルでグリーンなライフスタイルを発信できる売り場をバイヤーさん達の力も借りて、日本中に自然増殖させたいんです。

社会が既にそういう方向に来ています。だから自分みたいな素人が考えていることと流通や小売りの最前線との波長が合ってきたんだと思います。今後は経済成長が前提でなくなるだけでなく人々の価値観や幸福感が変わると思います。これからは消費に意味が求められる時代なんです。そうした時代のキーワードの一つがエシカルです。最近よく耳にするようになりましたが、もっと我々がこの言葉を使っていかなければいけないと思います。そして言葉を聞いた人の何割かが関心を持つようになり、徐々に広がって定着していくのだと思います。」

――御社が日本橋三越本店に催事出店したことで、エシカルが次のステージに入ったと感じました。

「常に目的を持って売り場選びをしています。日本橋三越出店は、数字への期待よりもこれまでとは異なる層へのアピールが目的でした。今はバイヤーも若くなりましたし、「三越本店の格」などと言う時代でもないですが、日本橋三越など老舗百貨店への信頼を重んじる、五十代以上の方々からのチーム・グリーンズへの評価が上がったことは確かだと思います。

我々が日本橋三越に出店したという事実が、エシカルを受け入れる人が着実に増えてきたという裏返しでしょう。ただし、商品を選ぶ第一の基準がエシカルだから、ということではなく、商品が良くないと手にしてはもらえないです。」

――この先どのような方向性を展望されていますか。

「こうしようとかああしようとか色々考えますが、結局立ち戻るのは「人と社会のグリーンシフトを加速する」という立ち上げ時からのビジョンです。チーム・グリーンズとしてのショップという形態もあると思いますし、バイヤーさんのサポートをしながらプロデュースした店舗が増えるという形もあると思います。

エシカルは今後、安心感とか目利きというキーワードが重要な段階に入ると思います。エシカルを単に商売の道具として使う人が現れつつありますので、チーム・グリーンズが関わった売り場は、「キチンとしている」とか「安心して買い物できる」と言っていただけるようにしたいです。」

——それに向けた課題は何でしょうか。

「今まで以上にMDを広く増やしていき、作り手と信頼関係を築く必要があります。良いものを作る方は本当に信頼している人にしか商品を預けてくれませんので。それから海外に目を向ける、知人を介して良いパートナーを紹介してもらうことも重要です。

そして年間の商品計画を構築する、且つ、その中で選択肢を増やしていくことです。あとは冬が課題です。例えば、エシカルで象徴的なフェアトレードの相手国は大体暖かい地域が多いですから。」

グリーンなブランド同士が手をつなぐ時

――では別の視点で、エシカル市場全体を拡げるための課題はいかがですか。

「エシカルなプレーヤーがコラボレーションしていくことでしょうね。それぞれファンがいて、メディアも持っているので、それらを組み合わせることでレバレッジを効かせられ、社会に対して大きなインパクトが出せます。

それから、規模の小さな作り手に対して共同で仕入れる、共同の商品企画をするなどしてスケールメリットを出すことも大事です。規模の小さいグリーンなブランドは常に、需要が先か供給が先かという話になります。需要が確約されていないと品質管理にコストを割けないという話も同様です。大きな需要を保障できるネットワークを構築して、作り手に安心して商品づくりをしてもらうことが重要です。

さらには、関心の低いバイヤー、一般の売り場にもグリーンやエシカルを浸透させていく方向もあります。有楽町のルミネ一階では、ロクシタンやコスメキッチンなどのナチュラル志向のお店が人気を集めています。コスメの世界では、エシカルやオーガニックであることがごく普通になりつつあります。そうした流れを別の分野にも広げていきたいですね。」

——買い手の拡大としてはいかがですか。どの辺りの層に可能性があるのでしょうか。

「現在は40～60代の女性が購買の中心です。しかし来店客は28才くらいからいらっしゃいます。ですから年齢が下がっていくポテンシャルはありますね。その時にキーになるのはファッションだと思います。「美」や「食」ではエシカルが増えてきましたが、ファッションではまだ少ないです。その傾向はヨーロッパでも同様です。ウチとしても売り場にいて楽しくなっていただくことが大事なので、美や食だけでは片手落ちなんです。そこに洋服や鞄やジュエリーがあるという構成にすれば毎日でも来られる売り場になると思います。」

——現在までの展開は想定どおりですか。

「この二年間で注目してもらえるようにはなりました。その点は、期待以上です。今年が大事だと思っています。

将来に向けて、今の発展型をどこに置くかは検討中です。拡げ過ぎると独自性やポリシーが貫けなくなる可能性もあります。まずは、チーム・グリーンズのブランディング強化に繋がるオリジナル商品の開発や常設店舗展開など、一歩ずつ着実に成長していきたいと考えています。」

究極の目標は「人びとが余分なモノを買わない世界」

――ところで、ご自身の暮らしの中でもエシカルを意識していますか。

「意識はしています。振り返ると、長く使い続けているものは多いですね。今使っている鞄やボールペンは十年以上使っています。やはり良いものを使い続けるのは気持ちが良いですよ。家の中でも基本的にエコです。節水シャワーや湯たんぽを使い、冷暖房はほとんどつけません。市民農園も借りていて、家のベランダでは大根やハーブも育てています。

チーム・グリーンズコンセプト

昔から自然に触れるのが好きですね。売り場でも、盆栽を置いたり、こけ玉教室を実施したりと自然への入り口を意識して作っています。都会にいる私たちは、エコとかエシカルとか頭先行になりがちです。土を触り、海や森に入ることが大事です。自然と触れ合って、生きものを育てていれば感じることがあるはずです。

チーム・グリーンズとしては、最終的には余分なモノは買わなくても良い社会が来ればと思っています。今はそこに向かう過程として、少なくとも買い手が、社会や環境、健康にも意識をめぐらして、消費を楽しみながらも、意味を持ってお金を遣ってほしいと願っています。そして自然をリスペクトしてほしいです。」

＊　＊　＊

「人々が余分なモノを買わない世界」を究極の目標に置く商売人、それが川上さんである。穏やかに丁寧にお話するその内面からは、本気でそう考えているという熱意がひしひしと伝わってきた。

しかし現実に目を向けると、世界はまだまだ物質主義に満ちている。だからこそ、彼は自然との調和を訴え、人や社会にとって意味のある買い物の重要性を訴え続ける。その動きはこれからも変わらない。むしろ加速する一方だ。

岡田有加さん（右）大山多恵子さん（左）

WHO SAID ETHICAL IS NOT SEXY?　―岡田　有加（ＩＮ ＨＥＥＬＳ共同代表）
―大山多恵子（ＩＮ ＨＥＥＬＳ共同代表）

ファッションとエシカルの結びつきは強い。それだけ、華やかなファッションの裏側、人びとが知らないサプライチェーンの内部では、理不尽な現実が今でもなお燻ぶっているともいえる。

20代の岡田有加さんと30代の大山多恵子さんは、エシカルレディースファッションブランド「ＩＮ ＨＥＥＬＳ」をまもなく世に送り出そうとしている。ブランド名の「ＩＮ ＨＥＥＬＳ」は「ハイヒールを履いて」という意味。ハイヒールに合わせられるような、カジュアルだけどかっこいい、且つセクシーなスタイルにしたいという想いを込めた。社会や環境に配慮したエシカルファッションといえば、「ナチュラル系」もしくは「エスニック系」と相場が決まっている中、これまでにない新しい選択肢をマーケットに提供したいと意気込む。

ブランドのローンチを間近に控え「しびれるような毎日」を過ごす2人に、現在に至るまでの道のり、ブランドに対する想い、そして自身のエシカル観について語っていただいた。

利益追求への疑問符

——ご自身の経歴、エシカルとの出会いについて教えてください。

岡田「高校まで千葉と茨城で過ごした後、起業家を数多く輩出しているSFC（慶應義塾大学湘南藤沢キャンパス）に入学しました。しかし私自身は、起業には全く興味がありませんでした。在学中に交換留学生として行ったアメリカの大学で会計と金融を専攻し、卒業後は大手外資会計事務所のM＆Aコンサルタントとしてキャリアをスタートさせました。

企業買収時のビジネスや市場の調査業務と、合併後の企業統合を主に行っていました。新聞に載るような案件や、個人的にやりがいを感じる案件もあったものの、結局そこはいかに安く買うかを追求する世界。企業の役割は利益追求だけではないという自分の価値観とのギャップを感じ始め、徐々に違和感が蓄積していった結果、とある案件が決定打となって「これを定年までやるのは無理、もう気は済んだ」という気持ちになってしまいました。

そこでタイミング良く「エシカル・ファッション」という考え方に出会いました。同僚が、ボディショップの創設者アニータ・ロディックの著書『〝Business as Unusual〟（邦題「ザ・ボディショップの、みんなが幸せになるビジネス。」（トランスワールドジャパン・2005年））』を勧めてくれたんです。環境への配慮はもちろんのこと、キャンペーン等を使って精力的に社会的活動をビジネスに巻き込んでいく彼女のやり方は衝撃で、「私が求めているのはこれだ！」と思ったんです。動くのなら早い方が良い、と退職を決意し、この新しい分野で起業することにしました。

大山「私は幼少期を日本とアメリカで過ごし、東京の高校を卒業後、アメリカのスミス大学に進学しました。社会で活躍する女子学生の育成に定評がありfeminist大学とも言われる学校です。アメリカでも有名な留学派遣校で、私も三年の時に中国に留学をしました。卒業後は日本で米系投資銀行に就職し、一日数億円、数兆円を動かす仕事を通じて、経済の基本を体で学びました。

もともと大学院に行きたいとの思いがあったので、折をみて退職し、開発学を学ぶためイギリスに渡りました。そこで、普段の生活の中で世界の問題を考える機会の多さや社会問題の捉え方、Business Ethics感覚のレベルの高さ、消費者にとっての選択肢の多さに感銘し、「生活の基盤をイギリスに置こう！」と決断しました。

「ethics」という言葉自体は高校の頃から知っていましたが、エシカル・ビジネスに関して深く考え始めたのは大学院在籍中の頃です。開発を勉強したところ、どうしても社会、経済開発文脈のチャリティー、援助に納得がいきませんでした。実際問題、資本主義で動くこの世の中で何かを変える事ができるのは、ethics を持ってのビジネスなのではと、考え始めたわけです。」

――実際に起業へとご自身を動かす原動力は何でしょう。また、不安はありませんか。

岡田「私はその後、フェアトレードファッションブランド、ピープル・ツリー創業者のサフィア・ミニーの著書『おしゃれなエコが世界を救う 女社長のフェアトレード奮闘記』(日経BP社・2008年)を読んで、ファッションをやろうと決めました。ところが実際にピープル・ツリーの店舗に行って商品を見ると、デザイン的にも価格的にも自分が買えるものがなかったんです。

「せっかく素晴らしい理念に共感できたのに、私はピープル・ツリーのターゲット層ではないのだな」と感じました。でも、それがきっかけとなって、「だったら自分が欲しい服を作れば良いじゃないか」と思ったんです。

また、チャリティーや100%善意・無償の行動は心の奥底ではやりたいと思っていても、いざとなると「ガラじゃないし」と思ってしまうのです。しかし取引先、パートナーとしてお互い発展していくビジネスという形なら、私の中で非常に納得がいくのです。

こうして、エシカルファッションで起業すると定め、起業準備として二年間のワーキングホリデービザを取得し、エシカル先進国であるイギリスへ向かいました。

成田発ヒースロー行きの機内では「(不安というより) 先が決まっていないことがむしろ楽しい。いざとなったら何とかなるだろう」という心境でした。これは、十二才からサックスでジャズを吹いていることが影響していると思います。ジャズのセッションでは、自分のソロパートで何を演奏するかはもちろんその場にならないとわかりませんし、どうやって曲を終わらせるかさえも決めずに始めることが多いんです。最初は即興演奏なんて全くできませんでしたが、次第に、誰かが作ったフレーズではなく、自分で作り出したものを送り出すことに魅かれていきました。「自分と仲間ならきっと、かっこいいものが生み出せるだろうと信じる」まさにあの気持ちでした。」

大山「私は九才の時にもらったクリスマスプレゼントが、いまだに忘れられません。プレゼントは、アフリカの飢餓の様子を収めたフォトブックでした。暖かい家で、クリスマスディナーをお腹いっぱい食べた後の衝撃は、今でも脳裏に焼き付いています。同じ人間なのに何故この差が生まれるのか。何かしないと。世の中の理不尽を変えないと。そんな心境でした。

でも人を助け、支援し続けるという事は、強い意志がない限りできません。結局、普通の人間が世の中の何かを変えるとなると、消費社会と繋がっていることが一番効率が良く、持続性があるのではないかと考えたんです。

但しビジネスの目的はお金です。サプライチェーンの底の底で何が起きていようと、お金儲けのためならしょうがないとなってしまいます。そういった利益追求の虚しさを解決するのが〝Business with Ethics〟なのです。「お金が悪者なのではなく、操る人の倫理によって善くも悪くもなる」という元日本銀行総裁 故 速水優氏のメッセージにも大変共感しました。

そしてフェアトレードに関わるビジネスの経営をしたいと考えながら生活し、あるとき真剣にローン申請まで話を進めました。しかし、丁度クレジットクライシス中で、中小企業へのローンはやっておらず、ビザの問題もあり断念しました。そのような時に、以前から知り合いだった岡田さんがロンドンにやってきたわけです。」

――ようやく二人が出会えました（笑）。

大山「二人の初めての出会いは六本木のサルサクラブでした（笑）。当時はこんなことになるなんて全く想像していませんでしたが、彼女が私のロンドンの家に転がり込んで来た時に、お互いの野望を語り合ったのが全ての始まりです。」

岡田「その後、彼女が突然、勤めていた金融系の会社を辞めてしまったんです。」

インドのエシカルファッションショップオーナーと岡田さん

ネパールのフェアトレード団体ディレクターと大山さん

大山「昔から衝動的な性格で、やりたいと思ったらやらなきゃ気が済まないのです。」

現地・現物・現実と向き合いながら

――それでは、二人が揃ったところで準備段階の話を教えてください。

「準備段階でのハイライトは、昨年九月のインド・ネパールへのソーシングトリップです。事前に紹介やリサーチを通して知り、コンタクトをとっていた生産者等を訪ねて行きました。担当者に直接会って細かい条件の話をし、現在作っている商品を見せてもらい、工場も見学しました。実際にその場に行って、直接会って話すコミュニケーションは、メールや電話には代えられませんね。この旅を通じて、それまで考えてきたことがどんどん現実になっていきました。」

「スタートアップの私たちに相応しい規模の素晴らしい生産者に会い、素晴らしい製品を見つけましたが、逆に信用できない生産者もいました。認証偽装も発見したんです。」

——どうやって見つけたんですか。

「何だか話していることが噛み合わないので怪しいと思っていたんです。その後オフィスに貼ってあるオーガニック認証を見つけたんですが、そこだけ妙にテープが新しくて（笑）。私たちが来るから慌てて貼ったんだなと気づきました。

また、コットン業界の悲しい現実にも触れました。本で読んだことのあった「Cancer Express（日本語で「がん急行」の意。医療費の安価な国立病院へ通うため、多くのがん患者が利用する列車の俗称。がんの主因は農業の誤用）」の話を、こちらが聞く前にインドの方々が話し始め、その深刻さがひしひしと伝わってきました。私たちの物欲が世界のどこかの環境や誰かの生活に何らかか影響している、ますます環境／社会と真剣に向き合わないといけないと改めて認識しました。

路上インタビューの模様

日本で行った路上インタビューも大きなトピックです。昨年の夏、表参道・渋谷・原宿・下北沢で、若い女性100人の声を集め、自分たちの考えていることがマーケットにどの程度合っているのかをチェックしました。その結果、今後微調整するための材料が集められ、アプローチすべき層もより明確になりました。

それから、エシカルファッションの道に進もうと決めたきっかけであるサフィア・ミニーさんの下で、ロンドンのピープル・ツリーの卸部門担当として働けたことも、ものすごく勉強になっています。たまたま人員不足のところに入社したため、新入りとは思えないほど多くの業務を経験できました。時には泣きながら激務をこなしていました（笑）。当時は大変でしたが、貴重な経験ばかりで今では幸運だったと思います。

あとは Ethical Fashion Forum 主催のイベントや講習に通い、（システマチックに）学びました。」

――具体的にどのようなプログラムがあるのですか。

「エシカルファッション素材の調達、セールス、マーケティング、法律、財務、資金調達などに関する講習があります。同世代の多くのエシカルファッションデザイナー、エシカルファッションスタイリストやジャーナリストと出会い、ネットワークを構築することができるのも特徴です。基本的に誰でも参加できますが、費用も高いので本気で起業を考えている人しか参加しないです。また、ブランドを立ち上げた後に、そのネットワークを活用して宣伝することも可能です。」

――さすが、エシカル先進国。サポート体制も充実していますね。他に何かありますか。

「最近インターンで関わったEnvironmental Justice FoundationのTシャツプロジェクトも印象的でした。その団体は環境や人権に配慮した生産や消費を呼びかけているNGOで、活動も多岐に渡ります。その中の一つであるTシャツプロジェクトは、ビビアン・ウエストウッド、キャサリン・ハムネットやクリスチャン・ラクロワといった有名デザイナーがデザインしたメッセージ性あふれるオーガニック・フェアトレードTシャツをトップモデルに着せてPRするというプロジェクトです。セレブを巻き込んだPR手法など非常に勉強になりました。」

妥協のないリアルクローズを提供したい

――それでは、まもなく立ち上がるお二人のブランドについて教えてください。

「ブランド名は「IN HEELS」。今までとはがらっと路線を変えたエシカル・ファッションを目指しました。ハイヒールに合わせられるような、カジュアルだけれどかっこよくてセクシーなブランドです。それでいて、全ての商品が社会的もしくは環境的（またはその両方）にポジティブ

ブランドロゴと商品

な変化をもたらします。

大学生や二十代の中でも、自分の考えとスタイルを持った女性に向けたリアルクローズです。デザイン面でも彼女たちの欲するリアルであり、値段も「オーガニック、フェアトレードだから」と言い訳せずに彼女たちのリアルとなることを目指します。エシカルファッションのコンセプトは好きだけど、デザインやシルエットが大人しすぎる、値段が高すぎるという理由で購入に至っていなかった層にアプローチできればと思っています。

原料はどこから来たのか、誰がどこで作ったのか、以前その人はどんな環境・社会的地位にあったのか、そんな彼らに向けて工場ではどのような配慮がなされているのか、そしてこのブランドに携わることでコミュニティにどのような変化が起きたのか。私たちが販売する全ての商品にストーリーがあります。当然、私たちが納得いくプロセスが構築できない限り商品にはしません。

私たちは、このストーリーを日本の若い女性と共有することで、自分の消費の裏側を考えるきっかけを創りたいと考えています。「IN HEELS」を選んでくれるかっこいい女性は、私たちのアンバサダーです。」


――それでは、具体的な展開を教えてください。

「正式なローンチは今年の4月。春夏コレクションとして、ワンピース、カーディガンなどのトップスに、ベルト、バッグ、ジュエリーを加えた展開です。当初は独自のオンラインショップをメインに、オンラインのショッピングポータルサイトへの出店も検討しています。

数字的には3年以内に黒字化を目指します。社会、環境のサステイナビリティに配慮しても、それが赤字経営であったら、ビジネスで変化は起こせないですから。「銀行口座のサステイナビリティ」の早期確立が当面の目標です。

まずは日本でブランドの基盤を構築し、その後はヨーロッパでの販売も視野に入れています。オーダーサイズを増やし、サプライヤーの自立を促進しながら、世界のできるだけ多くの方にブランドへ共鳴していただきたいと思っています。」

――それでは最後に、「ご自身にとってエシカルとは何か」を教えてください。

大山「実はエシカルという言葉自体は、日常あまり考えていません。むしろ、エシカルがカタカナになっていることに驚いたくらいです。必要ないものは買わず、買うときは商品のラベルを読み、できる限りリサイクルする。この姿勢は昔から変わっていません。人権、社会、貧困などと大きなことは言わず、毎日の生活の中で行動・選択する上で加味すべきこと。義務や責任というより、倫理的なチョイスができる人生は、この世界に生きる一人ひとりの権利だと思います。」

岡田「今後、自分が何十年もこの世界で生きていくことを考えれば当たり前のこと。特に「良いこと」をしているのではなく、消費活動の単なる軌道修正だと思っています。それは、地球のためでも、世界のためでもない、他でもない自分のためにする選択です。」

＊　＊　＊

「自分の求めるものと今あるものにギャップがあったから起業した。」と岡田さんは言った。幸運にも「今あるもの」を生み出す側に身を置くことができた彼女は、その良い面も悪い面も当事者として体感し、そのギャップが生み出される過程をつぶさに観察してきた。

その経験をベースに、彼女が見て、聞いて、感じた全てを余すことなく今「ＩＮ ＨＥＥＬＳ」に注ぎ込む。そうして完成した「自分の求めるもの」を、まもなく世に送り出そうとしている。

先の状況が読めない今、不安もあるが、むしろこの状況を精いっぱい楽しむつもりだ。十二才でジャズに出会って以来、彼女はそうやって、自分と仲間を信じてミライと向き合ってきた。

二人が奏でる絶妙なセッションに大いに期待したい。

第5章

エシカル消費最前線

前章では、エシカルな理念を胸に果敢にビジネスに挑む会社起業家たちの活動を追ったが、本章ではもう少し視点を広げ、国内外の企業が取り組むエシカル消費の事例を紹介したい。エシカルとビジネスの両立はとても難しいが、理念だけでは成立しないところが面白いところでもある。ここでは成功事例を手法別に分類し、実施に至る過程や社内外での反響を交えて、エシカル消費の現状を俯瞰してみようと思う。仕事のアイデアを発想するための下支え、あるいは一消費者としてエシカル消費に参加するための手引きとなれば幸いである。

社会貢献、おまけについてきます

成功するコーズ・リレーティッド・マーケティングとは

商品やサービスを購入すると、その何%かが社会貢献活動に使われる、というのが今最も多いエシカル消費のあり方だろう。いわゆるコーズ・リレーティッド・マーケティングの事例だ。よく知られているのは、ボルヴィックの「1ℓ for 10ℓ」キャンペーン。ダノングループが200

7年から取り組んでいる支援プログラムで、ボルヴィック商品の売り上げの一部がユニセフを通じてマリ共和国での井戸の設置やメンテナンスに使用されるというものだ。

このようなキャンペーンが成功するためには、「わかりやすさ」と「参加しやすさ」が大切だと考えられる。ボルヴィックのキャンペーンだと、まず「1ℓ　for　10ℓ」というタイトルと、「水を買ったら、アフリカに水を送れる」というキャンペーン内容がとてもわかりやすい。また、商品は通常価格と変わらないので、気軽に購入＝参加することができる。普段と同じ価格で途上国支援もついてくるのであれば、消費者も迷いなくボルヴィックを選べるだろう。よい意味で、とてもイージーなキャンペーンなのだ。

以降、この「わかりやすさ」「参加しやすさ」で成功したキャンペーン事例を紹介しよう。

王子ネピア「nepia 千のトイレプロジェクト」

「千のトイレ」というスケール感に興味を惹かれるこのプロジェクトは、王子製紙株式会社と王子ネピア株式会社が2008年から実施している、ユニセフの活動を支援するプロジェクトだ。期間中ネピア対象商品を購入すると、売上げの一部がユニセフの活動資金として提供され、東ティモールでのトイレや給水設備の建設、衛生習慣の定着活動のために使われる。

ボルヴィックのような水の支援はよく聞くが、トイレの支援は珍しいのではないだろうか。そもそも、王子ネピアがこのプロジェクトを始めたきっかけは、同社が2007年から取り組んでいた「うんち教室」での成果が影響している。これは、都内の小学校で実施したトイレやうんちの大切さについて話し合う学習プログラムで、参加した子どもたちのうんちに対する考えや生活習慣の変化を目の当たりにして、企業として、社会に対して出来ることがあるのだと確信したのだそうだ。

しかしその一方で、世界では毎年百万人を超える子どもたちが汚れた水とトイレの不備からおなかを壊し、脱水症状などで命を落とすという現実がある。この事実を知り、立ち上がったのが王子ネピアの今敏之氏だ。トイレットペーパーを届ける企業の使命として、「トイレと水の問題で命が失われていく状況を改善したい」という思いから同プロジェクトを立ち上げ、今も最前線で活動をされている。寄付つきのキャンペーンという形を取ったのは、途上国のトイレ問題について多くの方に知って頂き、共感・賛同を得て一緒に活動していきたいという想いからであり、また、支援活動を持続可能なものにするためでもある。

同プロジェクトを通じた支援金は2008年からの累計で約7900万円に上り、東ティモールにおいて、家庭用トイレが毎年1000個以上設置されている。またこれらの取り組みによって東ティモールの衛生状況が改善され、5歳未満時の死亡率が半減するなどの成果を挙げた。（2011年度は震災のため寄付先を東北への支援活動に切り替えて、本プロジェクトは企業寄付で対応。）

支援活動によって出来上がったトイレ。綺麗に掃除されている。

しかし今氏は、プロジェクトにおいて大切なのは現地のインフラ整備だけでなく、衛生意識の啓蒙だという。そもそも対象国の東ティモールでは、トイレがないことに対する問題意識が低く、トイレを設置するだけでは根本的な解決にはならない。そこで、支援活動を行っているユニセフが何度も現地を訪れ、トイレの必要性や衛生意識について理解が高まった地域からトイレを設置するという方法を取ることで、トイレの大切さを啓蒙しているのだそうだ。

プロジェクトによる販促効果を伺ったところ、売り上げ実績もさることながら、プロジェクトを知ったことでネピアブランドに対する安心感や誠実なイメージが高まった事が成果だそうだ。また、活動開始からの４年間で６万件を超える応援メッセージを頂いているのも大きな財産だ。お客様の年代によって反応が異なっているそうで、二十代では「気軽に出来る社会貢献への共感」が支持の理由なのだが、三十代は「自分の子どもと重ね合わせて感じる、プロジェクトの目的への共感」が、四十代は「恵まれた先進国としての協力意識」が、五十代は「企業の取り組みへの賛同」が、それぞれ支持の理由として見られたそうだ。さらに、プロジェクトに共感した取引先の流通企業からの提案で、キャンペーン期間中積極的な売り場展開をしてもらうなど、取引先との関係強化にもつながっている。

後進国支援と自社商品の売上げを両立させるだけでなく、ブランドや企業の長期的な価値を高める点で、「千のトイレプロジェクト」は王子ネピアの新しい「商材」とも言えるだろう。

ブックオフ「BOOKS TO THE PEOPLEプロジェクト」

街の古本屋として親しまれているブックオフに、「社会貢献」というイメージをお持ちだろうか？もちろん、古本はリユース商品なのだが、エコロジーというよりエコノミーな印象が先行してしまっているのではないだろうか。そんなイメージを覆してくれるのが、ブックオフグループが2009年から実施している「BOOKS TO THE PEOPLEプロジェクト」だ。ブックオフが開発途上国への教育支援を行うNGO「Room to Read」を通じて、本を読める環境を提

寄付金でスリランカに開設された図書館と子どもたち。

供するキャンペーンである。参加方法は、期間中に通常通りブックオフに要らなくなった本やCD、ゲームなどを売るだけ。買取り点数3点につき1円が「Room to Read」に寄付され、途上国への図書館・図書室の開設につながる。費用はブックオフが全額負担し、買取時の支払い金額は減額されない。

ブックオフの名和氏にプロジェクトを始めたきっかけを伺ったところ、「ブックオフでは、『捨てない人のブックオフ』をブランドコンセプトに、「捨てたくない」人の想いに応え、本が不要になったお客様から、必要とされているお客様に橋渡しをする事業を展開しています。この理念を広め、ブランド価値を高めるために、本業と関連付けて実施できる『BOOKS TO THE PEOPLEプロジェクト』を実施しました」とのこと。古本のイメージを変え、企業の役割を明確に打ち出す意図も込めているのだ。

プロジェクトの成果は目覚ましく、2年間の累計で参加者は約272万人、寄付金は約2700万円に上る。この寄付金はスリランカに届けられ、子ども達のための図書館7館と図書室42室が開設された。3点につき1円と聞くと少なく感じるのだが、大量の商品を扱うメーカーや流通企業がコーズ・リレーティッド・マーケティングを行うと、その影響力は非常に大きいことがわかる。

プロジェクトの成果は数値実績にも反映したそうで、期間中の買取点数実績は実施前の2008年と比べて、5〜10%程度高くなったそうだ。さらに、ブランディングの効果も見られた。それまでブックオフのお客様は十代から二十代の若い方が多かったのだが、期間中は、プロジェクトを知って共感した五十代・六十代のお客様からの買取が増えたのだそうだ。キャンペーン後の調査でも、それまでの「若者のお店・マンガ屋」から「社会に貢献しているお店」へと、イメージが変化したことがわかり、うれしい結果となった。さらにもう一つ、プロジェクトをきっかけに、現場の社員たちが「自分たちが社会に役立っている」ことを今まで以上に実感し、仕事へのモチベーションアップにもつながったそうだ。

結果的に見て、「BOOKS TO THE PEOPLEプロジェクト」は、スリランカの子どもたちはもちろん、ブックオフに関わる全ての人にとってハッピーなプロジェクトになったと言えるだろう。

素敵！　から始めるエシカル消費

楽しくなければ、買い物じゃない

次に紹介するのは、商品の素材や製造過程など、成り立ち自体にエシカルな要素を取り入れた商品の事例だ。購入することで、素材の生産元や生産環境を支援することができる。白木氏率いるエシカル・ジュエリーブランドの「ＨＡＳＵＮＡ」はその典型。また、海外の企業では「ＴＨＥ　ＢＯＤＹ　ＳＨＯＰ」や「パタゴニア」なども商品や製造に関する先進的な取り組みで有名だ。

注目したいのは、これらの商品が社会や環境への貢献性だけで売れているわけではないことだ。ブランドのストーリーや企業姿勢は大きな付加価値だが、誰もが背景を知ってモノを買うわけではない。まず背景を取り払った状態で機能やデザインを評価されなければ、どんな慈善活動を行っていようと継続的な売上げにはつながらないだろう。例えば、あるシャツがフェアトレードのオーガニックコットンを使っていても、野暮ったいデザインであれば商品の魅力は低い。いくらエシカルな商品と言われても、気に入らない買い物をするのはフェアではないし、巡り巡って支援先のものづくりの発展を妨げることになる。正しく評価されなければ、より多くの人に支持される商品は作れないし、事業として継続できなくなるからだ。我々消費者の「物を見る目」も問われていると言える。

というわけで、次に紹介するのは、エコやエシカルな素材を利用しながらも、ぱっと見て「素敵！欲しい！」と思えるデザイン性に優れた商品だ。エシカルな商品を通じて社会の課題解決を目指すなら、この「素敵！」を引き出せるかも大事なポイントだろう。

NTTドコモ「TOUCH　WOODケータイ SH-08C」

ケータイだけど、木製。デジタルとアナログが合体した「森のケータイ」が、ドコモの「TOUCH　WOOD SH-08C」である。坂本龍一らが発起人となり、日本の森の保全を目指す「more trees」とドコモを始めとする各社が共同で企画した製品だ。

キャッチコピーは「木に触れる。木に惚れる。」――そら豆のようなフォルムの端末は、手に持つとしっくり馴染む。表面にニス加工はされていないのだが、木のざらざら感はなく、すべすべし

「ＴＯＵＣＨ　ＷＯＯＤ SH-08C」。手に馴染むよう、
本体が緩やかにカーブしている。

た質感。そして、顔を近づけると確かにヒノキの匂い。端末の木目や色合いは一点ずつ異なっており、購入したものがどんな模様かは、届くまでのお楽しみだそうだ。また、内蔵グラフィックや間伐材を原料にした取扱説明書など、「木」の魅力を生かすため、隅々までこだわりが見られる。

そもそもは、ドコモの開発者が「永く使える、使うほどに愛着を持てるケータイ」を考える中で、素材として木材に注目したのが開発のきっかけだった。しかし、携帯電話としての利用に耐える木材の加工技術が難しく、また木材調達が森林破壊につながる懸念があったため、なかなか実現に至らなかった。その後、様々なリサーチをする中でオリンパス社の圧縮成形加工技術にたどり着き、木材加工については同社の協力を得て解決。資材調達に関しては、間伐材の利用の伸び悩みと言う日本の森林の現状が追い風になり、目処が立った。こうして2008年に開発に着手、各社の協力を得ながら3年の試行錯誤を繰り返し、2011年3月、限定1500台での一般発売に至ったのである。

木材の加工技術もさることながら、端末の素材として間伐材を利用したことで、このケータイはデザイン性の高いプロダクトであると同時に、日本の森林を守るプロジェクトの一環としても機能している。日本の国土は約25%を人工林が占める。これらは、間伐や出荷など人の手が加わらなければ森として機能しなくなるのだが、その際に出る間伐材は割り箸など使用目的が限られていた。しかし、間伐材をケータイの素材にすれば使用目的が広がって商品価値が高まり、結果的に森の健全な循環をサポートすることにつながるのだ。

「TOUCH WOOD」は通常より製造に時間がかかるため、数千台ずつの予約販売を行ったのだが、初回は即日完売。その後も在庫が出来るたびに短期間で完売しており、売れ行きは好調。ユーザーからはデザインや手触りの良さへの反響が多いそうだ。

この商品のプロモーション動画も、口コミで広がり話題になった。「森の木琴」というタイトルで、静かな日本の森の中に間伐材で作られた木琴が設置され、その上を木のボールが転がって「主よ、人の望みの喜びよ」を奏でるという映像作品だ。たどたどしいメロディが森の中に響くのを聞いていると、「木」を人の手で生かすという商品のコンセプトがじんわりと伝わってくる。撮影のために実際に間伐材で木琴を作り、何テイクも繰り返して完成させたそうだ。限定発売の商品にはなかなかお目にかかれないが、森のケータイのDNAが詰まった動画、ぜひご覧になってはいかがだろうか。

高島屋が注目する、「エシカル・ファッション」

高島屋では、毎年環境月間である6月に「アイ・ラブ・ジ・アース」と題し、暮らしを楽しくする、ファッショナブルで人と地球に優しい商品を期間限定で発売している。2011年は「エシカル」をキーワードに話題のブランドをラインナップ、売上げも好調だったそうだ。

高島屋がエシカル商品を取り扱い始めたのは、フェアトレードの商品がきっかけ。各商品カテゴリでそれぞれ単発で取り扱う中で、2007年のフェアトレード・ブランドの「ピープル・ツリー」との取り組みが契機となり、2009年にはエマ・ワトソンとピープル・ツリーのコラボでイベントを開催するなど、徐々に展開をしてきた。ピープル・ツリーの商品は、現在では高島屋の編集ショップ「スタイル&エディット」で継続的に取り扱っている。

高島屋では、エシカル商品の取扱いを通じて、商品の背景や活動の主旨に賛同して購入されるお客様や、オーガニックコットンなどの素材にこだわられるお客様が確実にいることを感じたそうだ。

2011年の「アイ・ラブ・ジ・アース」では、そういったお客様の環境や社会に対する意識の高まりを背景に、よりアピールできる言葉として「エシカル」という言葉を使用した。

フェアで特に好評だったのは、「カルミナ・カンプス」というバッグブランド。イタリアのフェンディ家出身の女性デザイナーが2006年に立ち上げたブランドで、高いデザイン性と手作りのぬくもり感が魅力だ。一点1万円程度から、高いものでは15万円程度もするが、フェア開始後、初日だけで38個が売れたそうだ。

同ブランドは、本来なら捨てられる素材を有効利用し、バッグなどのアイテムを製造するほか、国際貿易センターとの共同プロジェクトで、バッグの生産を通じて途上国の支援を行っている。例えば、日本では高島屋だけで取り扱っている「100%アフリカ」シリーズ。その名の通り100%アフリカで生産されたバッグのシリーズで、イタリアから派遣された技術者が現地の女性たちに研修を行い、彼女たち自身の手で生産されている。このバッグの生産に関わる現地女性は、2012年には1万5千名になる見込みだ。デザイン性の高いバッグを通じて、アフリカでは女性の雇用が創出され、彼女たちの労働には適切な報酬が支払われている。一過性の支援ではなく、手に職をつけることで女性の自立を目指す、画期的な取り組みだ。

高島屋では、バッグ自身の魅力に、こういった商品誕生の背景にあるストーリーが一緒になることで、おしゃれで感度の高いお客様に響いたのではと分析している。

2011年のフェアで好評だった、「カルミナ・カンプス」のバッグ

今後のエシカル商品の取り扱いについては、「エシカル・ファッション」という定義に縛られず、お客様のライフスタイルに合わせた商品を考えているそうだ。以前から、環境に配慮した商品の基準を作り、「クリーンローズ商品」として展開をしているが、お客様の意識が高まるにつれ、環境配慮は商品として当たり前、言わば「標準装備」になりつつあると感じている。

デパートは、今も昔もお客様に「素敵！」を提供する場所。消費者の意識と作り手の想いが出会う場として、今後ますます素敵なエシカル商品が取り扱われることを期待したい。

「トムス」のチャレンジ

最後に紹介するエシカル商品は「トムス」と

いうユニークな靴だ。一見すると、ややエスニックな雰囲気のシンプルなデザインと、ナチュラルな素材のカジュアルシューズだが、この靴は、「ワン・フォー・ワン」、つまり1足購入すると1足の靴が贈られるという商品。「1つ買ったらもう1つ」なんて、まるでセールの売り口上のようだが、その1足は、あなたではなく裸足で生活をしている子ども達に贈り続けられるのだ。

このシューズメーカーの創業者はブレイク・マイコスキー氏。2006年に創業し、本社は米国・カリフォルニア州にある。創業のきっかけは、マイコスキー氏が南米・アルゼンチンを旅したときのこと。現地の子供達が貧しさのために靴が買えず、裸足で通学や病院通い、生活用水の調達などのために デコボコの道を歩いていることを知って衝撃を受け、子供たちに靴を届けるために事業を立ち上げた。靴を履けば、長距離を歩く痛みを和らげるだけでなく、すり傷などから感染症にかかるリスクも減らせるからだ。

トムスの原点であるスリッポンタイプの靴は、「アルパガータ」というアルゼンチンの伝統的な靴がモチーフ。柄やカラーバリエーションが豊富で、価格帯も6900円程度からとお手ごろに抑えられている。2007年にスミソニアン協会のクーパーヒューイット国立デザイン博物館が主催する「ナショナルデザイン賞」を受賞するなど、デザイン性も高く評価されており、海外セレブが愛用していることでも有名だ。

手頃な価格とお洒落なデザイン性が多くの人に支持されて順調に売上げを伸ばし、事業開始から

クラシックなトムスの靴。

200万足以上を販売。つまり、それと同じ数の靴が、裸足で生活している子ども達の元に贈り届けられているということだ。靴の製造もアルゼンチンを始めとする途上国で行っており、現地での雇用創出にも寄与している。

トムスは、高いデザイン性と社会貢献できる仕組みを兼ね備えたエシカルな商品という点では、ここまでに紹介した商品と共通している。しかし、シューズメーカーとして社会貢献をするのではなく、子供たちに靴を贈ることを目的に事業を開始している点で、事業としての優先順位は180度異なっている。ここでは商品として紹介したが、実情はビジネスを手段にした社会課題への取り組みというべきものだ。実際、トムスは2011年6月、靴に加えて新たにアイウェアを販売することを発表した。1つ購入されるごとに、途上国で視力に関するサービス（めがねの処方箋や視力の回復手術）が提供される。「ワン・フォー・ワン」企業として活動の場を広げていくトムス、今後も要注目である。

エピソードでつながる、ユーザー発信型リサイクル

不用品処分から、モノを介したコミュニケーションへ

次に紹介するのは、新しいリサイクルの試みだ。古着の洋服や型落ちの電化製品・中古車まで、世の中には使用済の品物が多く出回っているが、一部の希少品を除いて、その買われ方の多くは、品質に対して価格が手頃であるかどうかが最大の基準になっている。つまり、お得かどうかが一番のポイント。賢い買い物だが、必ずしも心がワクワクする買い物とは言えない。

そんな再利用品の売買に、これまでとはちょっと違う、ワクワクする風を吹き込んだ事例を紹介しよう。キーワードは、出品者自らが語る商品の「エピソード」。リサイクルはもう不用品の処分ではない。あなたを誰かとつなぐコミュニケーションの一手法である。

セレクトリサイクルショップ「PASS THE BATON」

リサイクル商品の委託販売を行う「PASS THE BATON」。「ニューリサイクル」をコンセプトに、「スープストックトーキョー」を運営する株式会社スマイルズが２００９年に始めた事業だ。オーナー自身が「理想のリサイクルショップ」を考えたときに、「東京という優れたモノとヒトが集まる場所のアドバンテージを生かして、顔が見える今までにないリサイクルショップが実現できないか」と考えたのが立ち上げのきっかけ。現在、丸の内と表参道に店舗を構え、ウェブショップも運営している。

オーナーの発想にあるように、一番の特徴は、「顔が見える」リサイクルショップであることだ。取り扱う商品は「リサイクル」「リメイク」「リライト」の三つに分けられるのだが、一般から出品を募る「リサイクル」の商品では、出品者の顔写真とプロフィール、出品物についてのストーリーを添えて販売することが必須条件になっている。それらのエピソードが加わることで、商品に個性や歴史が生まれ、「パスザバトン＝バトンを渡す」という名称通り、手放す人から受け取る人へ、物だけでなく、それにまつわる物語までも引き継ごうという試みなのだ。

店舗や取り扱う商品がとてもお洒落でセンスがいいことも特徴だ。通常、リサイクルショップと言えば、簡素な店舗にひたすら商品が並べられていてセンスの良さとは縁遠いものだが、同店内はまるでお洒落な雑貨屋。店舗全体のテイストが統一されており、丸の内はクラシックな雰囲気、表参道は白を貴重としたモダンな雰囲気でまとめられている。また商品も、ファッションアイテムか

表参道ヒルズのパスザバトン店内の様子

らハウスウェアまで幅広いのだが、全般的にとてもセンスがよく、出品者のこだわりが感じられる品物が多い。

こうしたセンスの良さは、「セレクトリサイクルショップ」としてのブランディングに注力してきた成果でもある。２００９年のスタート時、顔写真とプロフィールを公開するという条件のハードルが高く、一般の方からの出品は難しいという判断と、ブランディング目的の両方から、スタッフ・関係者の知人でセンスのいい人に声をかけて参加を募り、参加して欲しい人物像や出品物のイメージを伝えたそうだ。２０１０年４月に表参道店がオープンし、一般のお客様の出品を受け付ける「ＰＡＳＳ　ＣＯＵＮＴＥＲ」が出来てからも、店舗ディスプレイなどビジュアル面に注力し、ブランドの維持を図っているそうだ。

元来、リサイクルは不要から必要への物の循環であるが、商品にエピソードが加われば、コミュニケーションの手段としても機能することができる。そして、それがセンスのいい人が選んだ素敵なアイテムであれば、その人とつながったような気がして一層うれしい。こうしたやり取りが積み重なれば、本当に欲しいものだけを買う、買ったら大切に使う、という物との付き合い方の見直しにもつながるのではないだろうか。

服としあわせのシェア「ｘＣｈａｎｇｅ」

もう一つ紹介する「顔の見えるリサイクル」は、「ｘＣｈａｎｇｅ」という古着の無料交換会。パスザバトンと異なり、事業ではなく単発のイベント形式で開催される。代表の丹羽順子氏に話を伺ったところ、「お洒落はしたいけれど、闇雲に服を消費したくない！お金も続かない！」と思っていた時に、「それなら、みんなで持ち寄って交換すればいい！」と閃いたのがきっかけだそうだ。やり方のヒントになったのは、イギリス留学時に知った「ファッション・スワップ・パーティ」という洋服の交換会だ。メンバーを集め、それぞれが不要になった服を持ち寄って、欲しい人がそれを持ち帰るというイベントで、資源の有効活用のために、欧米では近年よく行われているそうだ。

ファッション・スワップ・パーティとの違いは、出品するアイテムに、それにまつわる思い出や

xChange の会場の様子

コーディネートのヒントなどを記入するエピソード・タグをつけることだ。お金ではなく、心の価値を大切にしたいという想いから、プライスタグに代わるものとして必ずアイテムにつけてもらっている。参加者は持ち込まれたアイテムとタグを見て、気に入れば無料で持ち帰ることができる。また、余った服はリメイク、中古衣料として東南アジアに送る、他のものにリサイクルするなどして活用している。パスザバトンと同様に、ここでも、エピソード・タグを通じて出品者の顔が見えることで、貰い手に向けて、物だけでなく気持ちも交換することができる。また出品する側も貰い手のことを考えて、欲しがられるアイテムの出品が求められる。

xChangeはこれまでに、地域の小規模なイベントからJ-WAVEやマルイなど企業とコラボした大型イベントまで実施されているが、「エピソード・タグをつける」というルールを守れば誰でも開催が可能だ。ただし、無料の交換会ともなれば、下手をすると叩き売りのような状態にもなりかねない。実際、大規模なイベントのいくつかでは、参加者は多かったものの、バーゲンセールのような状況になったこともあるそうだ。そこで、「いらっしゃいませ」ではなく「こんにちは」と話しかける、会場のディスプレイを工夫する、衣類に関する環境・社会問題をポスターにして貼るといった方法で、参加者に「お客さん」としてではなく主体的にｘＣｈａｎｇｅに関わってもらうよう心がけているそうだ。

「ｘＣｈａｎｇｅ」という名称は、代表の丹羽氏が海で泳いでいたときにふっと思いついたそうだが、「Ｃｈａｎｇｅ」には衣類だけでなく、アイディアやエネルギー、意識なども変えていきたいという想いが込められている。現在、自主的にｘＣｈａｎｇｅを開催する個人や団体用に、イベントに役立つツールを準備しており、「今後、一層多くの人が、ｘＣｈａｎｇｅという方法を通じて、その背後にある『思いのやりとり』の輪を広めてくれれば」と語ってくれた。

地方と都心が交錯する、都心発の地域活性化

ここでは、エシカルな事例として、都心の企業が取り組む地域活性化事例を紹介しよう。

銀座百貨店の屋上庭園・屋上菜園

競争激化の中にある百貨店や駅ビルでは、新たに屋上に芝生や農園を設ける事例が相次いでいる。2010年9月に全館大幅リニューアルを行った銀座三越には、9階の屋上に、芝生広場と四季の草木が植えられた「テラスガーデン」と、農園「テラスファーム」（※一般公開なし）がある「銀座テラス」が誕生した。この「銀座テラス」は、館全体の約8％（屋内1400㎡＋屋外1600㎡＝約3000㎡）もの広さからなる公共スペースで、〝憩いとにぎわい〟の場を提供する。原則として物販スペースはなく、屋内には、全国のJAと組んで、食材を扱う「みのりカフェ」とレストラン「みのる食堂」がある。さらに、銀座の街の歴史・文化や街歩きをサポートする地元の情報を提供する「銀座インフォメーション」を設けた。

銀座三越「銀座テラス」

「銀座テラス」を設けた理由について、銀座三越PR担当の茂村氏は、「増床オープンに向けて調査した結果、銀座に憩いの場が少ない事や、ベビーカーの利用者が多いという地域の特性が判明した。そこで、親子・自然・環境をテーマに、銀座の街のランドマークとして、公共施設として広く地域に開かれたスペースを創出しようという決断に至った」という。「銀座テラス」は、お客様や地域のニーズに答えた結果生み出された場であるということだ。オープン後、平日の午前中から、家族、友人同士が集い、公共スペースとして広く活用されている。

さらに、自然・環境という視点から、屋上緑化、太陽光発電等と併せて、テラスガーデン（農園）をつくったり、銀座にいながら自然との接点を持とうという試みに至った。この農園では、地域の子供と一緒に苗植えや収穫を通じて、今までは少なかった地区の小学生との交流が増えるなど、子供達への環境啓蒙にも貢献している。銀座三越は、「銀座で商売してきた経験と知見を活かして、地域やお客様のニーズに答えられる場を提供することで、街に、自然に優しい百貨店として地域と共に発展していきたい」と、地域と積極的につながり合う意気込みを語る。

一方、松屋銀座では、2007年から、都会のヒートアイランド現象や地球温暖化防止のため、屋上を緑化することを目的にした「銀座グリーンプロジェクト」を始動させた。

始めたきっかけとして、2006年3月、「銀座でハチミツが採れたら面白いね」と始まった「銀座ミツバチプロジェクト」の存在がある。現「NPO法人銀座ミツバチプロジェクト」を中心に、緑が減少する都心の銀座に、ミツバチたちが都心でも蜜を集められるような、サステナブルな社会と環境を目指し、銀座の紙パルプ会館を始め、後述の銀座マロニエゲート等にビーガーデンが次々と設置されるなど、緑化活動を進めている。ミツバチ達は、松屋銀座の屋上に植えられた野菜や果物の花に蜜を得るために集まると同時に、それらを受粉させ実らせている。

松屋銀座の大木氏によると、「銀座グリーンプロジェクト」や「銀座ミツバチプロジェクト」について、「ヒートアイランド現象を減らせるよう、東京の中心部である銀座の屋上を緑化し環境配慮へのメッセージを配信する。また、ミツバチの蜜源となる花を植えることで、自然のサイクルへの手助けを行う。さらに、ボランティアによる緑化活動を通じて、社員の環境意識向上、近隣との交流を深めていきたい」と語る。

　現在5年目を迎える本プロジェクトは、社内ボランティアにより構成され、勤務時間以外で自主的に参加し、定期作業などを行っている。今では、近隣の商業施設、白鶴酒造、ホテル西洋銀座をはじめ、緑化活動に参加する方との交流がさらに深まった。今後、銀座という情報発信力のある場所から多くの人々に環境メッセージを発信することで、銀座から広がる環境配慮へのムーブメントの拡大を願っている。

　２００７年の開店以来、ハイセンスなファッションブランドやレストランが並び、銀座の新たな人気スポットとなっている銀座マロニエゲートでも、「銀座ミツバチプロジェクト」や、「銀座グリーンプロジェクト」に賛同し、屋上に菜園を設けたり、２０１０年3月以降ミツバチの飼育を始めている。その屋上菜園「ＭＡＲＲＯＮＮＩＥＲ　ＧＲＥＥＮ　ＧＡＲＤＥＮ」で得られた食材やハチミツを館内のレストランで味わえる地産地消の企画イベントを季節ごとに行い、集客に結びつけている。今までに、「ハーブフェア」、「ベリーフェア」、「はちみつフェア」、「茶豆フェア」、「さつまいもフェア」を開催し、屋上菜園や銀座で収穫された季節を彩る食材を使ったメニューを提供することで、来た人を飽きさせない。

　お客様の反応も好意的だ。「飲食店で、運ばれてきた料理の材料の一部が屋上の産物であると知ったお客様が地産地消に興味を持ち、スタッフとの会話がより弾むなど、顧客ロイヤリティーを高

マロニエゲート屋上「採蜜見学の様子」

め、飲食店のファンを増やすことに貢献している。」そう語ってくれた銀座マロニエゲート広報事務局の縫部氏は、これらの取り組みについて、「屋上栽培とミツバチ飼育の充実により、環境に役立つ屋上の有効活用を進め、お客様と楽しみながら、銀座がグリーンの街へとさらに発展するささやかな助けになりたい」とのことだ。また、銀座マロニエゲート館長の八木氏は、「既存の取り組みに啓発されて行ってきたこれらの活動を継続し、今後も銀座の緑化を考えた様々な活動に賛同し、地域、プロジェクトとの連携を大切にしていきたい」と語ってくれた。

この地産地消への取り組みは、環境や地域への配慮はもちろんのこと、食を通じ、利用する人の意識をエシカルに変えるきっかけとなるビジネスの事例といえる。

ここ数年、百貨店に芝生や農園が次々と設けられたことの背景に、新たな集客の戦略とともに、地域住民により配慮したビジネスのあり方が見える。大量消費の時代から、モノを買わなくなった消費傾向にある状況で、より集客を目指すには、住民や消費者のインサイトをくすぐる仕掛けと付加価値が必要である。広いスペースを持つ百貨店が提供する公共の場や農園は、新たな集客が見込まれるだけではなく、地域住民とのつながりを生み、環境への意識を高め地域を活性化させるビジネスの事例と言える。

丸の内朝大学　地域発信「地球や環境に優しいチェンジを」

丸の内の朝が変わった。出勤前のビジネスマンが、朝７時台から大学に通うようになったのである。その名も、丸の内朝大学だ。丸の内エリアの街づくり団体などが主催し、社会にソーシャルグッドな変化を生んでいくことを目的に朝開講される市民大学である。２００６年秋から行っていた都市の朝型ライフスタイルを提唱するイベントの「朝ＥＸＰＯ　ｉｎ　ＭＡＲＵＮＯＵＣＨＩ」が大反響だったため、２００９年４月から、市民大学として常設化に至った。開講時に１５０名だった受講者は、２０１１年秋学期には約１０００名にも増えている。丸の内朝大学に通うのはビジネスパーソンがほとんど。ライフスタイルからビジネスまで、「丸の内で」「朝に」学ぶ意義のある講座を多数開講する。学びは教室の中でのインップットに留まらず、大学の外、地域への嬉しいアクションを活発的に行う。

　この中で注目したいのは、地域プロデューサー講座だ。このクラスは、その名の通り、地域をプロデュースする手法を学ぶ。現地の行政や実際に活躍する地域プロデューサーとの連携を深めながら、実際に地域が抱える問題解決を行っていく実践型クラス。受講生が現地に赴き取材をし、最終的に活性化案を提案するのである。2011年に三重県を題材にした回の受講生は、東京都内にある三重県にゆかりのあるお店を自転車で巡るイベントや、三重県特産の萬古焼きの魅力を伝えるイベントを開催し、首都圏にいながら地域活性化を目指す取り組みをしている。

丸の内朝大学ポスター　© 丸の内朝大学

　丸の内朝大学で広報を務めると同時に、「ソーシャルクリエイティブクラス」の講師である宇田川氏は、朝大学の役割について、「早起きを促進するフェーズから、忙しい社会人が朝の時間を活用し、多種多様でソーシャルグッドな革新をおこしていくハブとして機能するフェーズに本格的に移ってきている」という。さらに、

「東京都心にある丸の内は、日本経済に欠かせない街であるものの、人材や物資は外部からくる。持続可能な街づくりを目指すには、都市を取り巻く環境へのアクションが必要なため、この先も地域と連携して先進的な知見や活動をシェアしていきたい」と語ってくれた。

丸の内は、もはやオフィス街としての機能のみならず、地域活性化を後押しする街として進化しているといえる。受講生達が学んだことを生かし、全国各地で巻き起こす地域活性化旋風に期待したい。

東京タワーの地域活性化イベント

東京の、そして、日本のランドマークである東京タワーは、昭和33年以来、総合電波塔、そして、観光地としての役割を担ってきたなくてはならない存在である。

そんな東京タワーが、東京の枠を超え、地域活性化やボランティアネットワークの場としても、進化を遂げている。3年前から岩手県大船渡市と連携し、毎年秋に「三陸・大船渡 東京タワーさんままつり」を開催。東京タワーの高さ333mに合わせ、大船渡から直送された新鮮なさんま(3ま)《さん》3333匹を無料で配っている。このイベントは、東京タワーへの集客と共に、大船渡の観光業・地域活性化を目的としている。東日本大震災後には、こいのぼりならぬ大船渡名物「さん

「三陸・大船渡
東京タワーさんままつり」
（2011年9月23日）の様子

「大分祭りＩＮ東京タワー」の
様子（2011年12月11日）の
風景写真

まのぼり」を正面玄関前に飾るなど、震災を受けた大船渡を東京から応援し続けている。また、震災後は災害情報の拠点として被災地情報の集約・発信を行うなど、電波塔のみならず、情報発信やネットワーク形成の場としても、着実に機能しているのである。

地域活性化イベントは、２００８年頃から、人のつながりがきっかけで開催されるようになった。日本電波塔株式会社企画部の澤田氏によると、これまでにも、イベントの場所だけを提供する機会はあったが、地元の活性化を願う人が地方自治体を巻き込み、東京タワーで地元を知ってもらう楽しいイベントを開催したいという熱い思いに押され、イベント共催へ心を動かされたそうだ。また、地方でしか得られない体験が東京タワーで特別に提供できるのも、開催への大きな判断材料になった。

３年前に始まった「三陸・大船渡 東京タワーさんままつり」は、地域活性化イベントの集大成とも言うべき、象徴的な取り組みである。この企画はメディア等でも多数取り上げられ、「鳥取バーガーフェスタ@東京タワー」や「大分祭り in 東京タワー」等、現在では月に1～2回は開催される地方自治体によるPRイベントのパイオニアとなった。

イベント開催によって、東京タワーにいらしたお客様と、開催する各自治体に喜んでもらえる事が何よりの成果であるという。さらに、メディアに露出する機会が増え、東京タワーにも、地方にとっても嬉しいパブリシティー効果が生まれる。「東京タワーで何かやってるから行ってみよう！」と足を運んでもらう事で、展望台やタワー内テナント施設への集客につながる良い二次的効果が生まれる。イベントの最大の魅力は、東京タワーに来場されるお客様、地方自治体や住民、東京タワーの三者が喜べる、WIN-WIN-WINな関係で結ばれることだ。

東京タワーの特性を生かした地域活性化イベントは、東京スカイツリーが電波塔としての役割を引き継いだあとも変わらず継続され、東京タワーは情報を発信する電波塔として、これからもその機能を失うことはないだろう。

地域活性化事例のまとめ

寄付型商品とは違い、地域活性化に貢献するビジネスは、その成果や評価を数字で表すことは難しい。各事例に共通しているのは、会社と、消費者と、地域の三者がトリプルWIN関係で結ばれることにより、確実に地域との関係性を深め、様々な形で人が人を呼んでいる。銀座都心にいても自然と触れ合える憩いの場を提供する銀座百貨店の試み。全国の地域活性化を後押しする学びの場として機能を果たしている丸の内朝大学。都市と地方を結び、今後も情報発信の場としてその役割が期待されている東京タワー。

企業が各々の強みを活かして、地域活性化を実現させていくことで、街や人にさらにエシカルの輪が広がることは間違いない。

復興支援3・0

復興支援を巡る課題とヒント

2011年の東日本大震災は、悲しい災害であると同時に、過去最高の寄付金額、被災地に向かった大勢のボランティア、個人や企業が取り組んだ多くの復興支援プロジェクトなど、人々の社会意識を顕在化させるきっかけでもあった。しかし同時に、寄付金の使われ方や交付までのタイムラグの問題、被災地のニーズに一致しない支援物資の問題など、「本当の支援とは何か」が問われることにもなった。

ここでは、企業が今まさに取り組んでいる支援活動をご紹介する。どれも、対応の迅速さや取り組み内容の透明性、消費者参加型の仕組みなど、被災地のニーズを踏まえ、また活動を盛り上げるために工夫されたプロジェクトだ。

復興支援のあり方についてすぐに答えを出すのは難しいが、何らかのヒントは得られれば幸いである。

クロネコヤマトの復興支援活動

「宅急便ひとつに、希望をひとついれて。」―ヤマト運輸を傘下に持つヤマトホールディングス株式会社は、震災後の4月7日、復興支援を目的に、宅急便1個につき10円を寄付することを発表した。1年間実施し、運賃表は変えない。ヤマトが2010年度に扱った宅急便の数量は約13億個なので、開始時点での想定額は約130億円。2012年1月時点の見通しでは、支援金はその予想を上回る140億円に達する。

この多額の支援金は、ヤマトグループ連結の年間純利益の約4割に当たる。3月下旬に経営トップが被災地を視察した際、現地の様子を目の当たりにし、10億や20億では意味を成さない、やるなら100億円規模だと感じて決断したそうだ。ただし、一企業がこれだけの金額を一度に出すのは難しい。そこで月々の売上げ個数に応じる形とし、また指標としてわかりやすいように「1個につき10円」としたとのこと。この方法だとヤマトの支援内容がわかりやすいため、我々消費者も参加しやすい。

ヤマトの対応が速かったのはトップの決断だけではない。被災地のヤマト社員たちは、震災直後の道路や線路が海沿いを中心に壊滅的な被害を受けた中、本社からの連絡を待たずに自主的に避難物資の運搬に乗り出したそうだ。元々地元に密着して業務を行ってきたため、彼らは道を知り尽くしている。その現場の動きに呼応するかたちで、3月下旬には「救援物資協力隊」を組織し、全国から応援として送り込んだ運搬車両と人員を活用して、被災各地で輸送・ロジスティクスを担当するなど支援の声に応えてきた。例えば気仙沼市では、旧・気仙沼青果市場を拠点に、物資の仕分けや在庫管理、1日3回の物資の輸送などの活動を一手に引き受けている。まずこうした現地での活動があって、その先の支援金の活動へとつながったのだ。

もう一つ注目すべきなのは、支援金の使われ方だ。支援にあたり、ヤマトは「全額を復興支援に使う」「どう使われたかを明確にする」という二点は譲れないと考えた。そこで財務省と調整を行い、公益財団法人ヤマト福祉財団に設置した「東日本大震災 生活・産業基盤復興再生募金」を「指定

倒壊した家屋の間を縫うようにして、支援物資を運ぶヤマトのトラック。

寄附金」に指定することができた。これにより、財団に集められた支援金には税金がかからなくなるため、全額を被災地に提供することができる。支援対象としては、地域密着という視点から、クール宅急便の「育ての親」でもある水産業や、農業、保育施設などの生活基盤を支える分野に特に注力しているそうだ。支援の状況は福祉財団のホームページやプレスリリースで随時発信している。

ヤマトの支援活動のすばらしい点は、取り組み内容と成果の透明性だろう。預けたものがいつどこにあるのか追跡できるのは、商品である宅急便サービスの特長でもある。また、支援活動による売上げへの影響についてヤマトのご担当に伺ったところ、「売上げは順調だが、活動の影響なのかはわからない」という回答と共に、４００件近いお客様からの応援メッセージを見せていただいた。ヤマトの活動への共感の声以上に、被災地に送った荷物が早く届いたことへのお礼が多く、本業が機能してこその支援活動であることを、改めて感じさせられた。

三陸牡蠣復興支援プロジェクト「SAVE SANRIKU OYSTERS」

三陸沿岸は世界でも有数の牡蠣産地であり、養殖に欠かせない「種牡蠣」の国内シェア第1位である。しかし、津波によって、港をはじめ、海辺のかき筏や漁船などが多く押し流されてしまった。このままでは三陸だけでなく全国の牡蠣産業に深刻な影響が出てしまう。この問題に「牡蠣オーナー制度」で解決を目指すのが、牡蠣の通信販売業を営むアイリンク主催の「SAVE SANRIKU OYSTERS」プロジェクトだ。1口1万円で牡蠣養殖の復興支援ができて、復興後に牡蠣20個がもらえるという仕組み。もしあなたが牡蠣好きなら、オーナーとして復興支援に加わるのはどうだろうか?

主催の齋藤氏がプロジェクトを開始したのは、震災から15日後の3月26日。復旧もままならぬ状況の中、阪神大震災を経験した経営者仲間から「復興支援をするなら早い方がいい。阪神大震災でも一ヶ月もすると全国ニュースでは（被災地の様子が）流れなくなった」と言われ、とにかく急がねばと思い、生産者に相談せずに開始。何かあったら責任は負うつもりで、見切り発車したそうだ。オーナー制度を使った支援の方法も、別の経営者仲間からアドバイスがヒントになった。オーナー制度自体は新しいものではなく、リンゴなどの果物を対象にしたものが多いが、この場合、事前にお金を支払い、収穫時期になったら独占的に手に入れることが出来るという「予約注文」の意味合いが強い。しかし齋藤氏はこのアイディアに、事業理念である「三方良し」の考え方を盛り込み、オーナーになることで、一部が牡蠣生産者の復興支援に、一部が復興支援プロジェクトの運営・取材費用に、一部が復興後にオーナーに届ける牡蠣の費用に充てられる仕組みを作り上げた。投資とリターンを明らかにした、自立・持続した事業として成り立つようにしたのだ。

参加条件も、通販で得た経験からお客様が申し込みやすい内容を考慮し決定したそうだ。さらに、事業としてやっていくためには透明性が大切と考え、参加者数や集まった金額、復興の様子などをホームページで公開している。仕入れる牡蠣の情報を公開するのは、震災以前からのスタイルだそうだ。

素早い立ち上がりとビジネス感覚を生かした支援方法が功を奏し、プロジェクトは開始早々から多くの支援者が集まった。そして、初の支援策として、5月7日に宮城県気仙沼市唐桑町の牡蠣生産者に種牡蠣を提供。これが新聞で取り上げられて話題になったことで、参加者がさらに増えて支援の動きが加速化し、8月までには三陸の主要な浜のすべてで牡蠣養殖が再開されるに至った。

三陸の牡蠣生産者たち。前列右端がプロジェクト主催の齋藤氏。

牡蠣養殖の現状について、齋藤氏は「震災直後からはとても信じられない復興ぶりだ」と言う。もちろん100%元に戻ったわけではないが、徐々に生産者自身が収入を上げる目処が立ちつつある。

このプロジェクトの成功は投資とリターンを明確に打ち出したことと、目に見える成果を早急に挙げ、実行性の高い支援策であることを証明してみせたところにあるだろう。プロジェクトのホームページでは、支援の見返りである牡蠣の発送が、「3年以上かかるかもしれない」と明記していたが、オーナーたちが美味しい牡蠣を堪能できる日も、そう遠くないのではないだろうか。

ガリバー「ガリバー×タッグプロジェクト」

クルマの買取り・販売の株式会社ガリバーインターナショナル（ガリバーと略）は、被災地の支援策として車両（中古車）を1000台提供することを、2011年3月14日に発表した。東日本大震災では、津波によって多くの車が押し流された。繰り返し流された津波の映像で、鮮明に覚えている方も多いのではないだろうか。被災地は車が日常の足として必要不可欠な地域が多く、被災者の生活や企業・自治体の復興をしていく上で、自動車の役目は大きい。

ガリバー広報部の三井氏に伺ったところ、発表が震災直後だったこともあり、被災地への車両提供はなかなか進まなかったそうだ。災害対策本部と調整を続けるものの、自治体も被災していて被災状況の把握が難しく、意思決定に時間がかかることが分かった。また一方で、既に被災地支援を行っている団体にも車が必要な実情があった。そうした状況に対応するべく、ガリバーは1000台のうち200台の車両を支援団体に貸すことを支援策に追加。さらに車両の貸し出し方法については、広くアイディアを募って決定することにした。この追加支援策は、ソーシャルメディアと連動してアイディアを募集するプラットフォーム「Blabo!」と協力し、同サービスの復興支援策「タッグプロジェクト」の第一弾として実施されることになった。これが、「ガリバー×タッグ

ガリバー×タッグプロジェクトで貸し出された車両

プロジェクト」である。

プロジェクトには数多くのアイディアが寄せられ、様々な形で実現に至った。例えば、「ヨガ・インストラクターの派遣」。避難所生活で体が凝り固まっている被災者の人たちに出張ヨガとマッサージをしにいきたい、という都内のヨガ・マッサージのインストラクターから寄せられたアイディアを受けて、ガリバーが車両を貸し出し。インストラクター達は宮城県の避難所まで移動し、実際にヨガやマッサージを行った。避難所の被災者の方たちに好評だったそうだ。また、ナビタイムジャパンやKDDIと協力し、「カーナビタイム」を1年間の通信料無料で車に取り付けて貸し出すというアイディアも実現した。支援団体には東北以外の人も多いため、慣れない道を走る際にナビ付の車でサポートしようという考えだ。第1弾として、復興のための花火大会「LIGHT UP NIPPON」の運営用に車両を提供した。他にも、「移動図書館」「カーシェアリング」「被災地や幼稚園への送迎車」など、たくさんの使い方が採用された。

ガリバー×タッグプロジェクトは、被災地に向けて、必要な車両を必要なところに貸し出すという支援策だが、ツイッターを使って広くアイディアを募るという手法によって、みんなが復興支援について考え、参加するきっかけも提供したと言えるだろう。ソーシャルメディア時代のアドバンテージを生かした、興味深い事例である。

世界を変える、ソーシャル・ビジネス

ソーシャル・ビジネスとは何か?

最後に紹介するのは、ここまでの事例とは少し異なる。商品でもキャンペーンでもなく、「ソーシャル・ビジネス」という新しいビジネスの概念とその仕組みだ。グラミン銀行の創設者であり、ノーベル平和賞の受賞者でもあるムハメド・ユヌス氏が提唱し実践している概念であり、貧富の格差や環境破壊など、社会における諸問題をビジネスを使って解決する革新的な手法として、高い注目を集めている。

ユヌス氏の著書である『ソーシャル・ビジネス革命』によれば、ソーシャル・ビジネスとは「人間の利他心に基づくビジネス」であり、「社会的目標の実現のみに専念する『損失なし、配当なしの会社』」である。したがって、ソーシャル・ビジネスへの投資家は、自身が投資した資本金以上の金銭的利益は一円も得ない。しかし、それに代わるものとして、ソーシャル・ビジネスの結果から生まれる社会利益（社会インパクト）への満足感や「困っている人を救えた」「よりよい社会のために貢献できた」という心理的な利益を得ることができる。一方で、ソーシャル・ビジネスは社会の課題を継続的かつ安定的に解決していくためにも、経済的に持続可能で、自立したビジネスでなければならない。よって、通常のビジネス同様、ある程度の収益は生まなければならないが、それらは社員の福利厚生、必要経費の補填や、さらなるビジネス拡大（社会問題の解決）のために利用される。

ソーシャル・ビジネスは、社会の課題解決を目的とし、それがどれだけ達成されたかで成果を測る点において、従来の経済的利益を追求するビジネスとは根本的に異なっている。また、同じ社会問題の解決を目指すNPO・NGOが限りある補助金や寄付金に頼って活動しているのに対し、資本金を元に、持続可能で自立したビジネスモデルを構築する点で優れている。

読者の中に、こうした仕組みが理想的だと感じながらも、そんな善意に基づいたビジネスが本当に実現できるのかと疑問を持った方はいないだろうか。しかし、ソーシャル・ビジネスはバングラデシュを中心に、医療から教育まで、幅広い分野で成功を収めている。それぞれのビジネスの経緯や成果については、ユヌス氏の著書に詳しく書かれているのでそちらを参照されたい。ここでは、その取り組みの一例として、日本の企業が大学の専門サポートでグラミン・ファミリー（グラミン銀行等を中心とした関連企業グループ）と連携して設立したソーシャル・ビジネスを紹介しよう。

「グラミン・雪国まいたけ」のソーシャル・ビジネス

国立大学法人九州大学は、ユヌス氏のソーシャル・ビジネスについて啓発・教育を行う「グラミン・クリエイティブ・ラボ@九州大学」や技術に特化した途上国支援を専門とする「一般財団法人グラミン・テクノロジー・ラボ」を設立するなど、ソーシャル・ビジネスの日本における普及・推進のために、活発で先駆的な活動をしている。２０１０年10月、その九州大学のサポートで、日本で最初のソーシャル・ビジネスカンパニーの立ち上げが実現した。国内初のソーシャル・ビジネスカンパニーとなったのは、まいたけで市場の5割以上のシェアを有する株式会社雪国まいたけ。グラミン・グループの一組織であり農業を中心とした活動を行うグラミン・クリシとの合弁企業「グラミン・雪国まいたけ」を立ち上げた。資本金10万ドルのうち、雪国まいたけが7万5千ドルを、グラミン・クリシが2万5千ドルを負担。また、九州大学は社外取締役を派遣するなど、同企業がバングラデシュで事業を展開するにあたり、技術的・知識的な専門情報を提供し継続的に活動をサポートしている。

「グラミン・雪国まいたけ」の事業計画は、バングラデシュでもやしの種子である緑豆の実験栽培に取り組み、成功すれば、500～1000haの農地で本格的な栽培を開始するというものだった。この事業によって、現地では栽培や種子の選別作業等、800～900名の雇用が生み出される。また、収穫された緑豆のうち7割は雪国まいたけが買い取って日本へ輸出・販売し、残りの3割は現地にて安価な価格で販売される。ソーシャル・ビジネスの定義にのっとり、雪国まいたけとグラミン・クリシは配当を一切受け取らない。事業収益はすべて社員の福利厚生や貧困層の農民の福祉、奨学金、ソーシャル・ビジネスの推進に使われる予定だ。現在は実験段階を終え、現地で既に5000人の雇用を生み出している。

「グラミン・雪国まいたけ」の取り組みは、まず何よりもバングラデシュに雇用を生み、栄養価の高い緑豆を安価に提供するという社会的目標を目指しているが、雪国まいたけも当事業により価格上昇が激しい緑豆の安定的供給という利益が得られるため、「WIN-WIN」のビジネスモデルを構築している。同社で社外取締役を務め、九州大学のソーシャル・ビジネス推進の要でもある岡田教授によると、「ソーシャル・ビジネスは、売り手よし、買い手よし、世間よしという『三方良し』の近江商人の思想と同じで、日本人のDNAにあった形。日本には元々、ソーシャル・ビジネスが広まる風土がある」とのことだ。

ここまでに紹介したエシカル消費の事例を見ても、日本において、社会の様々な問題への意識やその解決のために何かしたいという個人や企業の思いは高まっている。取り組み内容は、必ずしもここで紹介したユヌス氏のソーシャル・ビジネスの定義に当てはまるものばかりではないが、その根底にある善意や思いやりの気持ちは本物であるし、活動を通じて問題解決のために貢献していることも確かだろう。既存のエシカルな取り組みが発展し昇華される一つの形として、あるいは、志のある人が行動を起こすためのきっかけとして、ソーシャル・ビジネスは今後一層注目を浴びるのではないだろうか。

●参考文献・資料

・「nepia 千のトイレプロジェクト」ウェブサイト
・「BOOKS TO THE PEOPLE」ウェブサイト
・NTTドコモ「TOUCH WOOD SH-08C」商品サイト
・TOUCH WOOD SH-08C ドコモスペシャルサイト

・産経新聞「エシカルバッグ　虚飾より共感で買う」2011年5月30日
・トムスシューズ日本公式サイト
・パスザバトン　ウェブサイト
・xChange　ウェブサイト
・銀座三越プレスリリース2010年8月30日
・松屋銀座プレスリリース2008年5月
・クロネコヤマトプレスリリース2011年4月11日
・三陸牡蠣再生支援プロジェクト「SAVE　SANRIKU OYSTERS」ウェブサイト
・ガリバーインターナショナル　プレスリリース2011年3月14日、2011年7月11日、2011年8月8日
・九州大学プレスリリース2010年10月13日
・モハメド・ユヌス著　岡田昌治監修　千葉敏生訳『ソーシャル・ビジネス革命』(早川書房　2010年)
・日本経済新聞「『ソーシャル・ビジネス』普及へ奔走　三方良しの風土呼び覚ます」2010年10月26日

第6章

エシカル消費の傾向と対策

現代ビジネスの必須科目？「エシカル」

エシカルの視点を企業に取り入れる

前章では日本でも増えてきているエシカル消費を様々な事例を通して見てきたが、続いてこの章では、根付いていくエシカルな意識に対して企業がどう取り組んでいけばよいかを前章の事例を参考にしながら、具体的に考えていく。

まず、本題に入る前に、企業がエシカルに向き合う意義について少し考えてみたい。

確かに大きな潮流になりつつある〝エシカル〟。ビジネスを行う上で、こうしたトレンドを商品開発やマーケティングに取り込むことは当然ではあるが、エシカルはこれまでの流行や消費トレンドと同じように考えるとうまくいかないと私たちは考えている。ここまでの調査結果や事例、社会起業家のインタビューを読んできて、同じような印象を抱かれている読者の方も多いのではないだろうか。なぜなら「エシカル」は、「社会に役に立ちたい」という消費者の気持ちだけでなく、「社会の役に立つ」という企業の理念やミッションにも通底する概念だからだ。消費者の意識に合わせて目先だけ変化するだけでは通用せず、企業の社会におけるあり方そのものを考える必要がある。まずはこの点について検討したい。

マーケティングマインドの変容　――顧客視点から社会視点へ

企業の社会のあり方を考える際、取り上げるべきは、『コトラーのマーケティング３・０』だろう。この本ではマーケティング自体の考え方が新しいステージに入ったことを記している。特に、これまで当たり前のように考えられてきた「消費者志向（マーケティング２・０）」から、「社会志向（マーケティング３・０）」へのシフトという指摘は、今後のマーケティング戦略を考える上で示唆に富む。

また企業戦略論の大家であるマイケル・ポーター　ハーバード大学教授は従来より提唱していた戦略的ＣＳＲの概念をより進化させ、ＣＳＶ（Creating Shared Value＝共有価値の創出）というコンセプトを２０１１年１月号（日本語版（ダイヤモンド社）では11年６月号）のハーバード・ビジネス・レビュー誌にて提唱している。ポーター教授はインタビューで〝今日、最も優れた事業戦略を構築するためには、社会とのかかわりを考慮することが欠かせなくなっています。どんな企業でも、価値ある提案をするためには、社会的な意義を持たせる必要がある。今日では顧客も取引先も、事業戦略に社会的な価値のある企業を評価するのです。〟と述べている。CSRを事業活動と切り離した企業の慈善活動とするのではなく、社会貢献と事業との一体化を説く点は、これまでのCSRのあり方に大きな一石を投じる。

二人に共通しているのは、企業はより良い商品・サービスを提供していればよいという時代は終わり、より社会に貢献する存在として、生活者とともに歩んでいく必要があると主張していることだろう。もちろん、この視点は以前より企業の社会的責任として考えられてきたが、社会をより良くしていく活動の中に、企業の事業価値を見出していく点が新しい。

日本でも「企業は社会の公器である」という考えは広く浸透しているが、相次ぐ企業不祥事に「はたして本当に企業は社会のための存在なのか？利益追求を優先し、社会や消費者のことを蔑ろにしているのではないか？」という疑念を人々は抱いている。コトラー教授やポーター教授の提言は、今改めて企業のあり方の根本部分をもう一度見直そうといっているようにも聞こえる。

MBAでも教えるEthics

こうした「社会に貢献するための企業」としてのあり方は〝学び〟にも影響を及ぼしてきている。

MBA（Master of Business Administration）というと経営のプロフェッショナルの学位とし

て日本でも知られているが、ＭＢＡではここ数年「Business Ethics（ビジネス倫理）」と呼ばれる分野への関心が高い。

ここでのEthicsは、エシカル的な「社会によいこと」というよりも、本来の意味である「倫理的・道徳的」という意味合いであるが、将来の経営幹部を期待された人材が、倫理や善悪を授業として学ぶというのは興味深い。エンロンやワールドコムといった社会を揺るがす企業破綻が、組織ぐるみの不正から生じていることを考えると、組織としていかに不正を防ぐかという手法や仕組みだけでは限界があるということだろう。企業人としての倫理観をいかに養うかという点が重要になっているのだ。

日本の大学でも企業の社会問題への取り組みを学問として学びたいという学生は多いという。実際に社会問題やＣＳＲを主題に扱うゼミや授業は当たり前のようにあり、今の学生はボランティアというサークル活動だけに留まらずに知識面でも旺盛なのだ。新入社員の方が、「企業の社会的責任」について多くの知識を持っている、というのはすでに起こっている現象である。

こうした動きをみると、「財務」や「マーケティング」といった分野と同じくらい「社会貢献／企業の社会的責任／ビジネス倫理」はビジネスマンが身に着けるべき最低限の教養になるのはそう遠くないように思われる。

何より重要なことは、企業で働くビジネスマンも大学で学んでいる学生も、会社・学校を離れると消費者という一面を持つということである。学識的にも裏付けられた意識の高い消費者が誕生し、企業を見る目がより厳しくなってくるのだ。

ソーシャルメディアと企業 ―― リアルタイムに生きる生活者と企業

Twitter や Facebook といったソーシャルメディアの台頭もこれからの企業と人々の関係を考える上で欠かせない。

ソーシャルメディアが人々の生活に与えた影響、企業に与えた影響については、マーケティング界だけでなく各方面において議論されているが、企業と人々との関係性という点で見ると、〝消費者〟ではなく、〝生活者〟として顧客と接するようになったことが大きな変化だろう。

これまでも企業はTVや新聞を通して自社の商品やサービスを訴えかけてきたが、ソーシャルメディアではほぼ常時、そしてインタラクティブに生活者とつながる接点を持てるようになった。企業の Twitter のアカウントにメッセージを投げかければ、すぐに返信のメッセージが来る。企業が Facebook に書き込みを行うと、コメントや「いいね!」といった多くの反応が返ってくる。そこでは企業が生活者と同じ一個人のように存在しているのだ。

かたや生活者は「まずい、寝坊した。」「今日のお昼はハンバーグ。旨そう!」という何気ない日常をつぶやき、瞬間をシェアしている。そうした生活者と毎日をリアルタイムで一緒に過ごす空間がソーシャルメディアなのである。リアルタイムに今を生きる存在として、初めて企業が具体的な形で生活者の前に姿を現したのである。

求められるのは名声よりふるまい

このように、ソーシャルメディアがより普遍的になり、企業と生活者がリアルタイムで触れる感覚が強まることで、「消費」という関係よりも、同じ社会で暮らす「お隣さん」という意識が強くなってくるだろう。

そして今、生活者は社会課題への関心が高く、主体的に関与したいと思っている。こうした中で関心を集めるのは、社会課題を自分ごととして捉え、積極的に活動している企業だろう。そうした企業に対しては、同じような関心・課題を共有する良きお隣さんとして、好感を持って接するようになる。逆に、社会課題への関心を表さないことは、社会課題への関心が低いように見られてしまう可能性もある。これは企業にとっては好ましくないだろう。

消費者として企業を見る際、売上高や名前が知られていられることは企業の信頼性を測る指標になる。しかし、〝消費〟から離れ、同じ社会に暮らす一生活者として企業を見つめるときは、その企業が社会の中でどのような〝ふるまい〟をしているのかが重要になってくる。〝ふるまい〟には、「生活者を楽しませる」や「生活者をあっと驚かせる」など、人の性格のように複数あるが、社会の問題に対してより積極的に関与し、良くなる活動をしている企業の〝ふるまい〟に多くの人は好感をいだくだろう。

なぜ企業がエシカルに取り組む必要があるか？　という問いに答えるならば、「隣人としてのふるまいが企業にも問われる時代だから」というのが一つの答えになるだろう。いくら名声が高くても、いくらキレイごとを並べても、生活者は企業の実際のふるまいで企業への態度をまず決めてしまうのだ。第5章で取り上げたネピアの事例は、まさにエシカル的な〝ふるまい〟が企業全体に好影響を与えているといえよう。

生活者とともに社会を動かすソーシャル・ドリブン・モデル

こうした企業と生活者と社会課題の関係を図に表したものが、図表6-1の「ソーシャル・ドリブン・モデル」だ。

このモデルではクルマを社会と見立て、クルマを動かす四輪にそれぞれの異なる役割を割り振っている。後輪には「利益」と「社会課題の解決」があり、この二つが社会を動かす動力を生み出す。

図表 6-1　ソーシャル・ドリブン・モデル

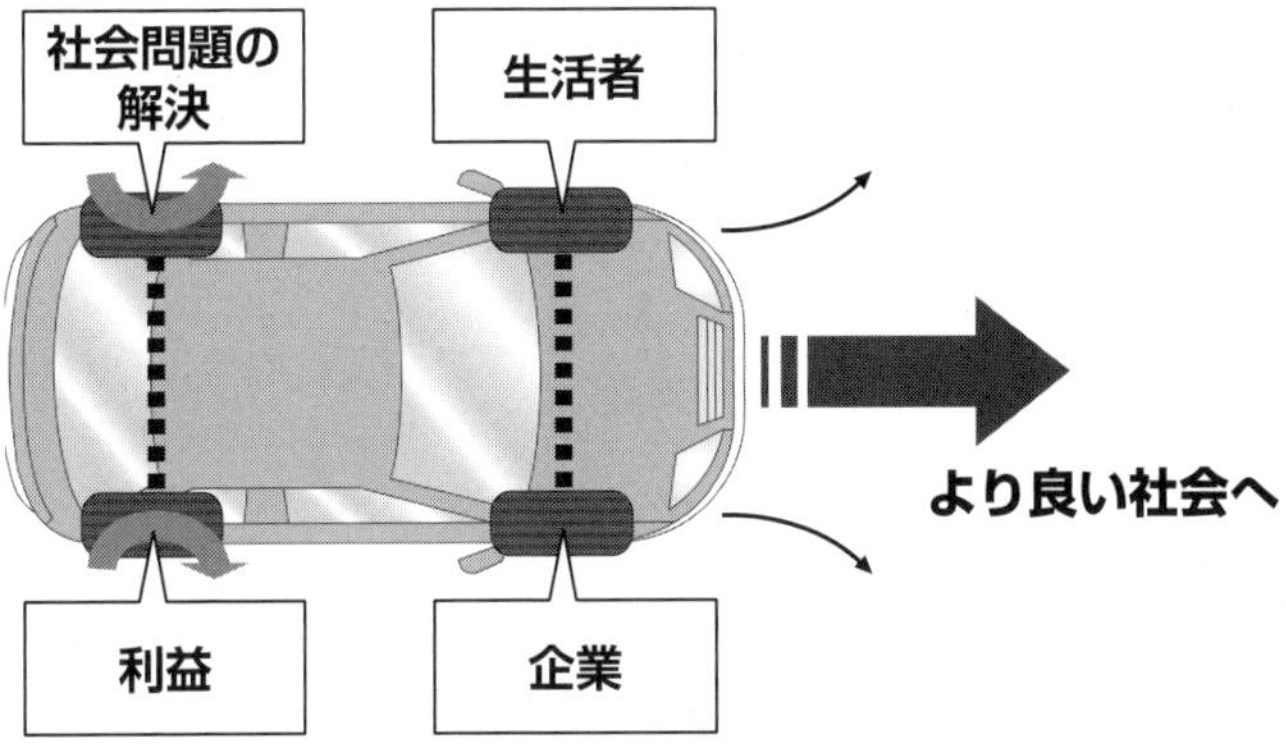

そして社会の行き先の舵を取るのは前輪にある「生活者」と「企業」だ。

このモデルのポイントは大きく二つある。一つは後輪部分にあたる「利益」と「社会課題の解決」が連動していることである。企業が利益を上げるほど、社会課題も一緒に解決されていくイメージだ。逆に利益と社会課題の解決がうまく連動しないと、片方の車輪が止まってしまう。そうすると社会は課題をずるずる引きずりながら前に進むことになる。

もう一つのポイントは、「生活者」と「企業」が同列にいることである。どちらが上、どちらが下といった関係にあるのではなく、あくまで同じ社会に生きる一員として同列の関係にあり、そして同じ方向を向いている。なので、生活者の関心と企業の向いている方向が異なれば（関心が異なれば）、まっすぐ進むことはできないどころか、社会のものが崩壊してしまう。そうならないためにも、生活者と企業が互いに話し合いながら、時には方向性を修正しつつ、協同して理想的な社会を目指すことが求められる。

ちなみに、このクルマ（社会）を動かす原動力となるのが、「社会を良くしたい」と思う生活者や企業の心、すなわちエシカルな意識だと考えている。エシカルな意識が高まりを見せる中、この四輪がうまく連動することで、「よりよい社会」の実現に向け、加速できるはずだ。

「エシカル」への取り組み方

「あり方」と「やり方」―エシカルへの取り組み4タイプ

それでは具体的にエシカルへの取り組み方を見ていこう。

私たちはプロジェクトを立ち上げた当初から、エシカルなモノやコトを紹介するブログ（エシカルでこんにちは　http://ameblo.jp/helloethical）を立ち上げ、日本国内のみならず、海外のエシカルな商品やサービスを取り上げてきた。

図表6-2　企業の取り組み方

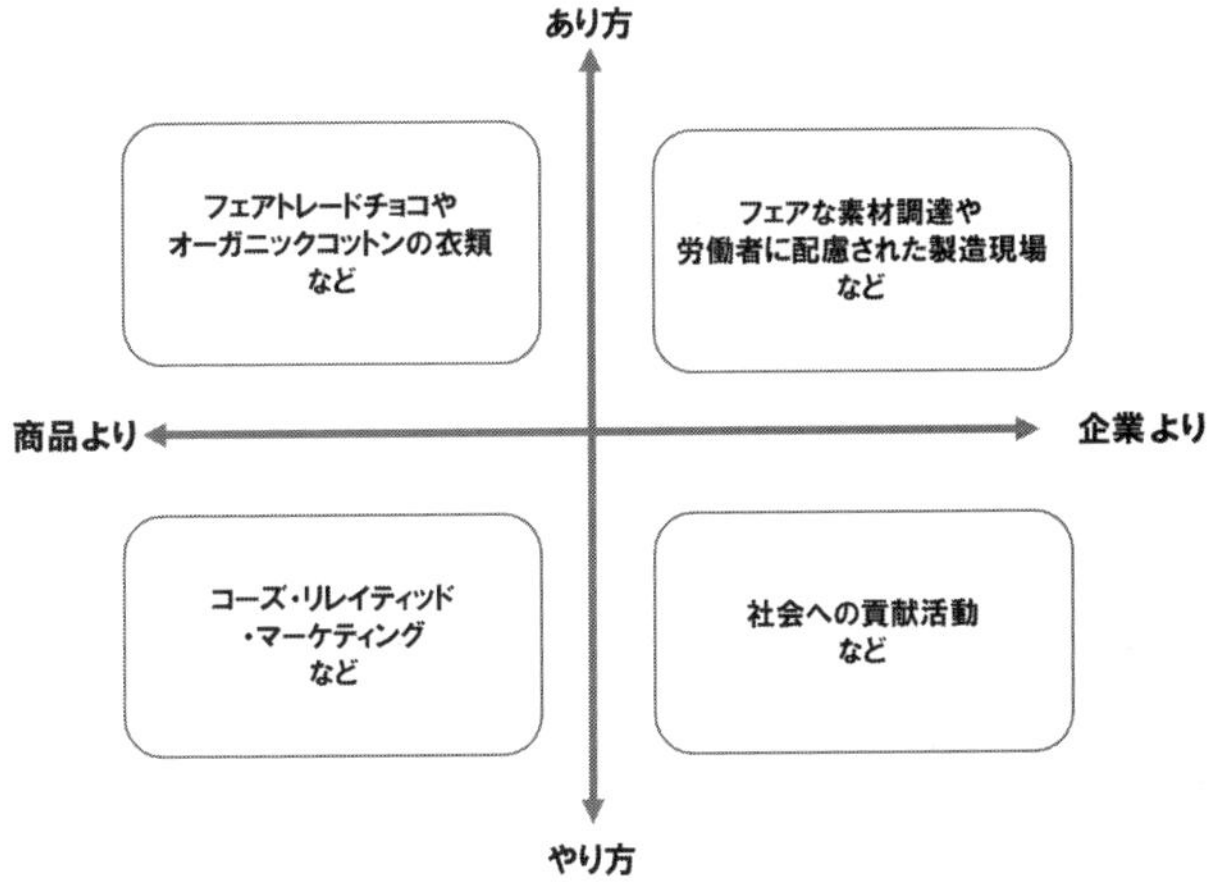

２年間で取り上げた商品やサービスは３００近くに達する。その中から、企業がエシカルな活動に取り組むに際して、いくつかのパターンが見えてきた。

まず、活動を区分する大きな軸となるのが企業や商品の「あり方」と「やり方」の２つである。さらにその中で売上に直結する商品よりの活動とそれ以外の企業よりの活動にわける。（図表６-２）

「あり方」とは、生産や流通などの企業活動や商品そのものに社会課題の解決の要素が組み込まれているあり様を指す。「エシカルなあり方」をしている企業や商品は、企業活動を続けることや商品が売れ続けることが社会課題の解決に直接つながる。

例えば、社会課題の解決をミッションに据えた社会的企業やリサイクル材料やオーガニックコットンのような環境への負荷を低減した素材を用いて作られた商品、安全な労働環境のもと労働者に適切な賃金を支払っているフェアトレード商品などが該当する。

また、社会的企業でなくても企業が素材調達や生産活動において、よりエシカルな活動に取り組むことも「あり方」にあてはまる。

このように、「あり方」とは企業や商品そのものに社会課題解決をビルトインしたもので、売上や利益と切り離すことはできない。先ほどのソーシャル・ドリブン・モデルにあったように、後輪にある利益と課題解決が連動しているのだ。

一方で「やり方」とは、企業活動やマーケティング活動に社会貢献になる要素を取り入れたものである。コーズ・リレーティッド・マーケティングや企業の社会に貢献する活動などがそれにあたる。「あり方」との大きな違いは、付加的に社会貢献の要素を取り入れた活動を行える点にある。

「あり方」と「やり方」のどちらがエシカルか？ということはなく、企業や商品の置かれた状況に合わせて取り組めることを行うことが重要だ。

「あり方」企業／商品で取り組む

前述の通り、社会課題の解決を企業理念におき、商品はもちろん、生産段階から最終的な商品の廃棄まで、すべての活動において社会課題を意識した活動をすることがエシカルな「あり方」である。エシカルジュエリーのＨＡＳＵＮＡやフェアトレード商品の製造・販売を行うピープル・ツリーなど社会的企業と呼ばれる企業やその企業の商品、また一部に植物由来の減量と使用することで、環境負荷を軽減する「い・ろ・は・す」などが該当する。

エシカルバリューチェーンで「あり方」を検討する

企業や商品の「あり方」としてエシカルにどのように取り組むかを考える際、私たちはエシカルバリューチェーン（図表６－３）という考え方を用いる。

「バリューチェーン」はマイケル・ポーター教授が１９８５年に提唱した、企業の様々な活動が最終的にどのような付加価値につながっているかを分析する手法であることはすでに多くの方がご

図表 6-3　エシカルバリューチェーンの一例

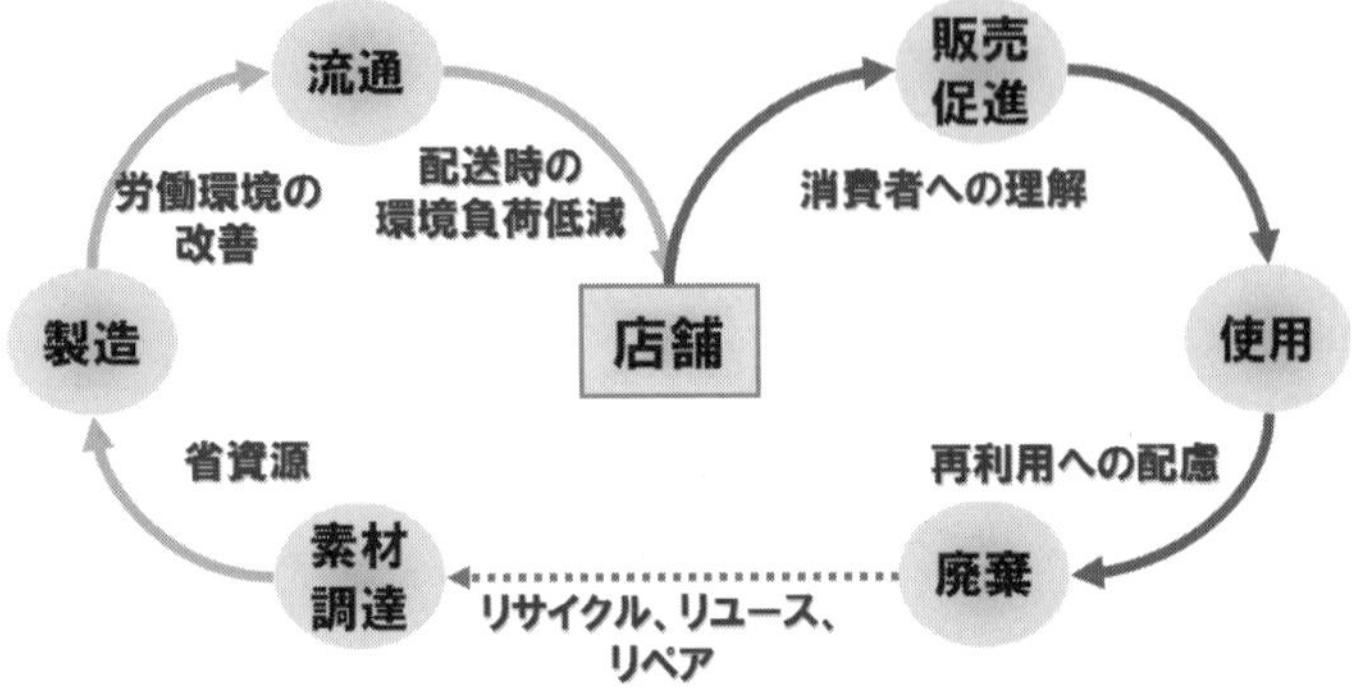

存知だろう。

エシカルバリューチェーンは、企業活動のそれぞれの段階においてエシカルへの取り組みが現状どうなのかという確認、そして企業活動のどの時点のエシカルな要素にフォーカスすることで、商品をより魅力的に見せることができるかを考えるのに役立つ。

エシカルな「あり方」を考える際、取り組み度の差はあるとしても、全ての段階で最低限エシカルの要素を考慮することは必須だ。なぜなら、一部分でも反エシカルな部分があると、それだけでエシカルな企業／商品とは見なされなくなるからだ。

例えば、再生可能な資源で作られたエコな商品だったとしても、それが劣悪な労働環境の下で製造されているならばエシカルな商品／企業とはいえないだろう。

一方で、すべての工程でエシカルの要素を含んでいたとしても、どこかで特色がなければ、企業や商品がどのような社会課題に真剣に取り組んでいるのかぼやけてしまう。そうしたメリハリを考えるときに、企業活動の工程を俯瞰するとわかりやすい。

具体例で考えてみよう。

事例でも取り上げた、トムス（1足購入されるたびに、発展途上国の子供にも靴が1足贈られる）は、販売の部分に社会課題の解決を組み入れることで企業の特色を出している社会的企業といえる。靴の全てをフェアトレードの素材で作ることもエシカルなあり方といえるが、より多くの子供たちに靴を届けるミッションを重視すると、「ワン・フォー・ワン」のやり方が課題の解決にマッチするとともに、そのやり方が、トムスをより際立たさせている。

エシカルジュエリー　HASUNAの場合は、従来のジュエリー業界では光が当たっていなかった素材調達や製造の部分をエシカルな視点で取り組むことで、これまでのジュエリーになかった魅力を引き出している。企業スローガンである「世界と、いっしょに輝く。」があらわすように、HASUNAのジュエリーを身に着けることで、その人だけではなく、ジュエリー製作に関わった全ての人とハッピーを分ち合っていることを感じさせる。素材調達や製造面への強いこだわりが、ジュエリーの魅力をさらに増幅させているのだ。

商品の魅力と社会課題は表裏一体

ここまでご覧いただいた事例を見ると、商品としての魅力的な部分と社会課題の解決が表裏一体の関係になっているものが多いことに気づくのではないだろうか。

例えば、第5章で紹介したNTTドコモの携帯電話「TOUCH WOOD」は、四万十原産のヒノキを携帯のボディに使うことで、木ならではの温かみのあるデザインと質感をあらわし、モノとしての魅力を高めている。同時に間伐材の再利用という社会課題を見事に解決している。ミネラルウォーター「い・ろ・は・す」は、軽量化ペットボトルにより製造段階や輸送段階の環境負荷を削減するという社会課題を解決すると同時に、軽量化ペットボトルだからこそできる「しぼる」というアクションを加えることでリサイクルに楽しさを与え、ミネラルウォーターに新しい価値を作り出すことに成功している。

社会課題の解決というと、「マイナスをゼロにする」というイメージが強いが、エシカルとしてうまく行っている商品はそれだけでなく、生活者に「プラス」の楽しさや嬉しさをもたらしている。「社会課題」と聞くとネガティブな印象があるが、その課題を解決する中に、商品の魅力が隠されているのだ。

企業だからできる社会課題への取り組み

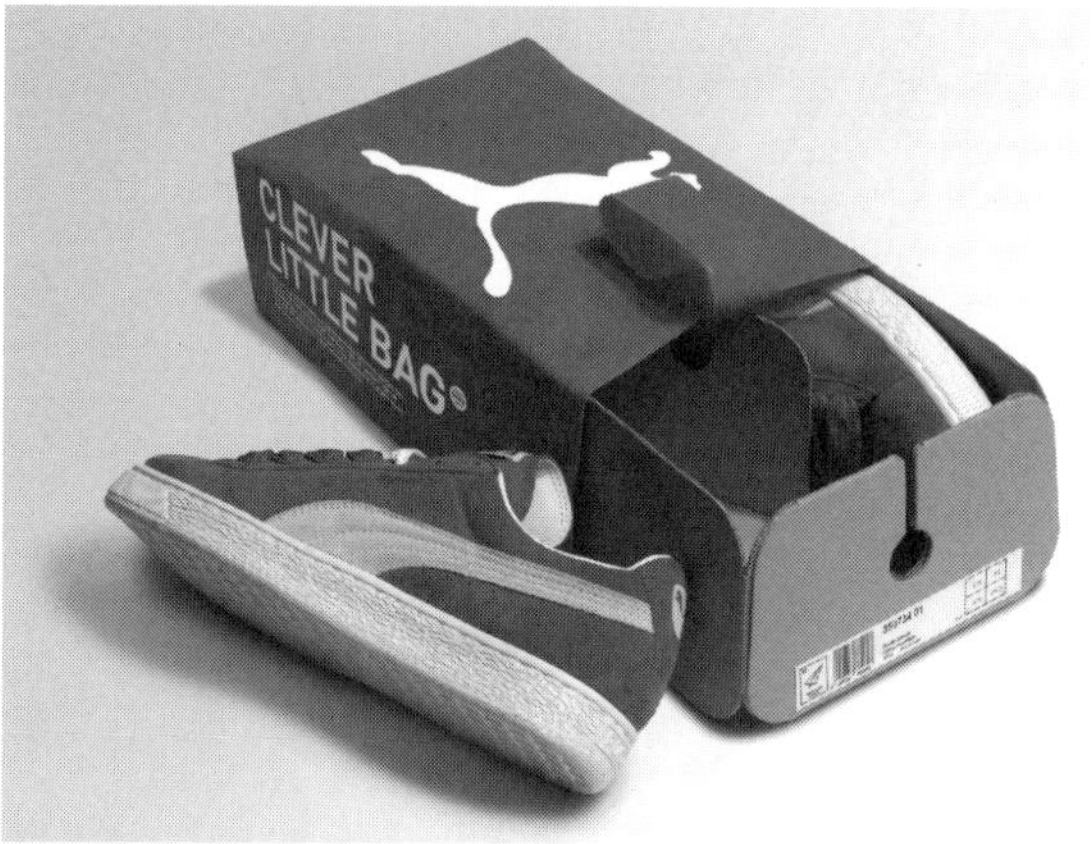

プーマ社の Clever Little Bag

一方、商品以外の部分で企業がより社会課題の解決に向けてできることは何であろうか。起業時から社会課題の解決を念頭においている社会的企業とは異なり、既存の企業では先ほど見たエシカルバリューチェーンの一つ一つの工程で改善できる余地がまだ残されているのではないかと思う。企業の規模が大きくなればなるほど、小さなことでも社会に与えるインパクトは大きい。

スポーツライフスタイルブランドであるプーマ社が行ったのは、購入時の靴箱そのものをなくし、より省資源なパッケージを開発することで環境へのインパクトをより減らそうというものだ。「Clever Little Bag」と呼ばれるこの新パッケージは、布製の靴袋を厚紙製の枠にかぶせることで紙の使用量を従来より65％削減することに成功している。これにより製造過程や輸送で使う水やエネルギーを60％減らせるという。1足当たりではその効果はわずかかもしれないが、年間数百万足販売するというプーマ社が取り組むことで、年間で8500トンの紙の使用量、100万リットルの燃料と水の節約につながるそうだ。

このように、一つ一つでみると、小さなことかも知れないが、塵も積もれば山となるで、総体で見ると大きな活動となる。こうした工程段階を見直し、改善していく活動は日本企業の得意領域でもある。ここではさらに企業ならではの取り組みという点で二つ述べたい。

一つは、他の団体とのコラボであり、もう一つはイノベーションである。

他の団体とのコラボとは、社会課題に取り組む団体とタッグを組むことでより効果的に、そして大規模な社会貢献を行うというものだ。

第5章で取り上げた雪国まいたけとグラミン・クリシによる合弁会社の設立は、他の団体とのコラボ事例としてわかりやすいだろう。企業が単独で社会課題に取り組むよりも、現地の事情に長けた団体の力をかりて同じ目標に向かい活動する現地組織と組むことで、より効果的な社会課題の解決につなげることができる。国内事業で培ってきた強力な営業力・販売力も途上国では戦力となり得ない状況がある中、適切な情報提供とサポートを得る事が出来れば、雪国まいたけのように、バングラデッシュで大規模な雇用を創出し、労働者への安定した賃金支払を実現することができる。

もう一つ企業に期待したいのはイノベーションである。

高度な技術の蓄積があり、様々な専門家とのネットワークを持つ企業だからこそ、イノベーションによる社会課題の解決が期待される。

い・ろ・は・すのペットボトルを握りつぶすというアイディアにはそれを可能にしたペットボトル軽量化のイノベーションが大きく寄与しているだろう。飲み終わったあと、雑巾を絞る程度の力でくしゅっと小さくなるのに、飲んでいるときにはきちんと自立して安心して置くことができるのは、優れた加工技術の賜物だ。

先ほど取り上げたプーマの靴箱の事例も、既存の靴箱という発想を乗り越えた、イノベーションといえるのではないだろうか。この靴箱ができるまでにかかった年数は2年だそうだ。デザイン案は2000以上、試作品は40以上というから、この取り組みへの思い入れの強さもわかる。

また、目のつけどころが面白い取り組み事例として、利根コカ・コーラボトリング社と日本赤十字社が共同開発した募金できる自動販売機というものがある。これは、自動販売機に10円、100円といったボタンがついており、これを押すと日本赤十字に寄付されるというものだ。例えば、120円のコーヒーを買おうと、ぴったりの小銭がないので、150円入れたときに生まれる30円のおつり。10円くらいなら寄付してもいいかとボタンを押す人がいてもおかしくない。これも従来の

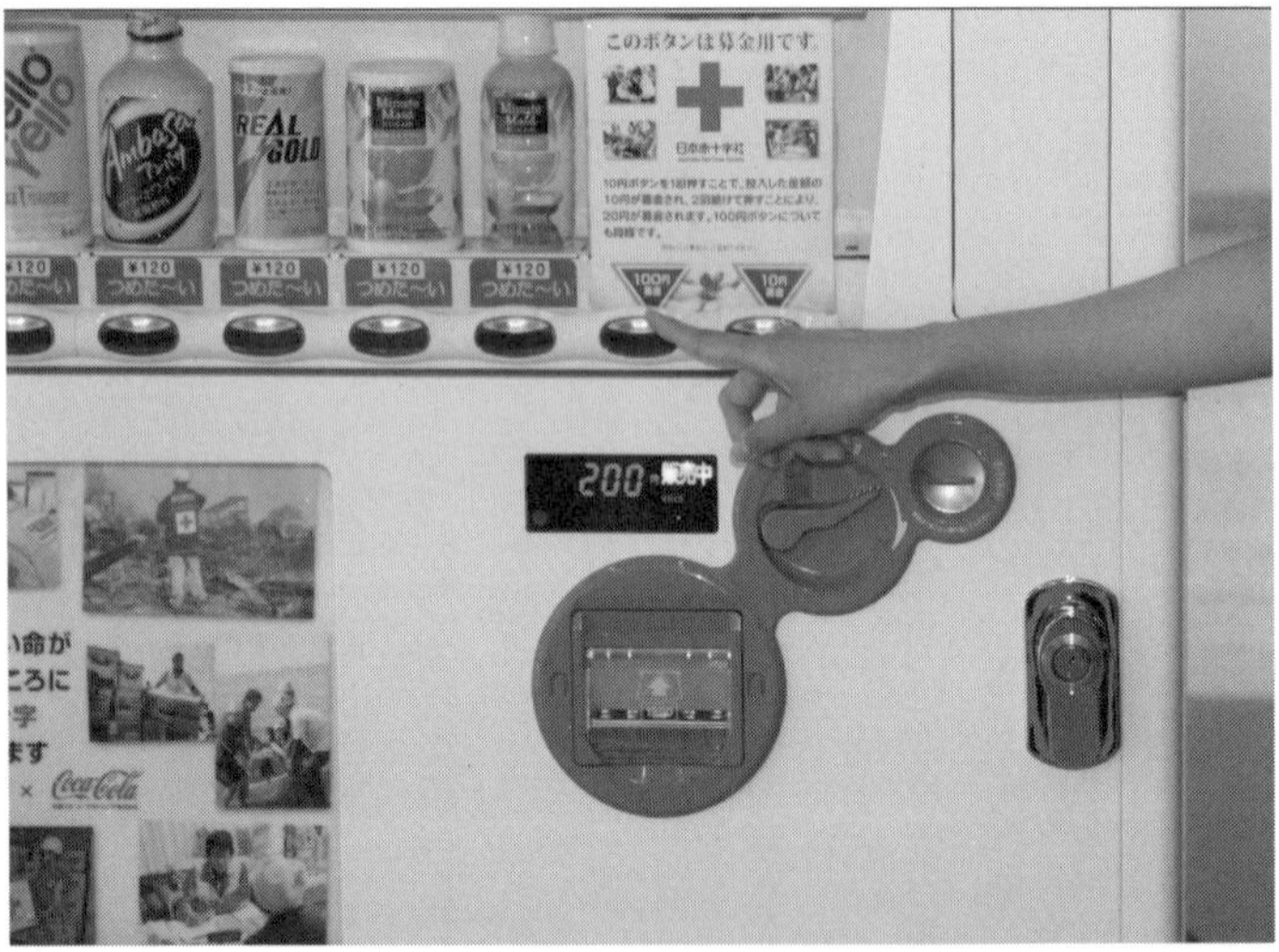

利根コカコーラボトリング社の寄付できる自動販売機

発想にとらわれないイノベーションといえるだろう。

これまでイノベーションというと、技術や経営の面で語られることが多いが、企業の社会貢献の中でのイノベーションという視点が今後増えてくることを期待したい。

「やり方」商品で取り組む

次に、商品のプロモーション活動やキャンペーン活動でエシカル要素を取り込むことを考えたい。商品を購入すると社会に貢献するような仕組みを付加するもの、例えば商品を1つ買うと、1円が寄付されるといったものが代表例であり、あくまでも商品の販売活動の中でエシカルを取り入れる、というのが前述の「あり方」とは最も異なる点である。

生活者に響くコーズ・リレーティッド・マーケティングのヒント

ボルヴィックの1ℓ for 10ℓの成功を皮切りに、多くの企業がコーズ・リレーティッド・マーケティングに取り組んでいる。既存の商品を販売する際に社会貢献の要素を取り入れるコーズ・リレーティッド・マーケティングは、商品そのものの成分や機能を変える必要はないため、取り組みやすいといえる。

図表6－4は寄付白書2010で紹介されている主なコーズ・リレーティッド・マーケティング

図表6-4　CRMの主な事例（寄付白書2010より抜粋）

企業名	対象商品	対象団体
住友林業	「きこりんプライウッド」	インドネシアにおける植林事業
日本ハム	「上級　森の薫り」	(社)国土緑化推進機「緑の募金」
伊藤ハム	「アルトバイエルン」「ポークビッツ」など	ユニセフ「タンザニア・ザンジバルにおける急性 栄養不良対策への総合アプローチ」事業
サッポロホールディングス	ベリンジャーブランド　ワイン	(財)日本対がん協会「ほほえみ基金」
アサヒビール	「アサヒスーパードライ」	各自治体などとともに検討し選定する、地域ごとの 自然や環境、重要文化財などの保護・保全活動
伊藤園	関西地区における「お～いお茶」	滋賀県「琵琶湖環境保全活動」
J. フロントリテイリング	ブランド品の二次流通	女性、環境、国際協力、子ども、青少年、人権・ 平和、雇用・就労支援、障がい者、緊急災害支援NPO
ブックオフコーポレーション	不要となった本を売る	NGO Room to Read
セブン&アイ・ホールディングス	カラフルショッピングバッグ	日本政府に排出権寄付
東レ	「お年賀"トレシー"」	ユネスコ世界寺子屋運動
花王	シャンプーや洗剤などの詰め替え用パウチ製品	(財)都市緑化基金
ライオン	衣類用洗剤 「トップ」	日本河川協会「きれいな川と暮らそう」基金
住友ゴム工業	環境対応タイヤ「ENASAVE」	タイのラノーン県における植樹
ノーリツ	「BL－bs」 ガス給湯・暖房機	(財)国際緑化推進センター 「熱帯林造成基金事業の森林造成事業」
日立建機	「ZX130L-3」「ZX135USL-3」(林業仕様機)等	日本政府に排出権寄付
沖電気工業	モノクロLEDプリンタ「B400」シリーズ	マレーシアにおける植林
パナソニック	植樹キャンペーン対象の省エネ家電	世界各国のエコスクール等
ソニー	市販されているすべてのソニーの乾電池・充電器	NPO法人そらべあ基金
パイオニア	「パイオニア ビンテージピュアモルトスピーカーS-A4SPT－VP」	(社)国土緑化推進機構「緑の募金」
カシオ計算機	「PROTREK」「G-SHOCK」「Baby-G」の一部モデル	アイサーチジャパン、WWF、アースウォッチ
京セラ	ピンクリボン関連商品「ピンクキッチンシリーズ」	(財)日本対がん協会「ほほえみ基金」
オリンパス	関西フィル楽曲の売上げの一部	NPO法人環境リレーションズ研究所 環境保全プロジェクト「Present Tree in 北海道」
丸紅	「ブラボーバナナ」「ブラボーマンゴー」	(財)ケア・インターナショナル・ジャパン
高島屋	オリジナルマイバッグ	(財)オイスカのタカシマヤ「子供の森」基金
エイチ・ツー・オー リテイリング	「リサとガスパール」 クリスマスチャリティバッジ	WFP国連世界食料計画
三井住友フィナンシャルグループ	「ユニセフ愛の講座」	ユニセフ
静岡銀行	「富士山定期」	NPO法人富士山を世界遺産にする国民会議
スルガ銀行	ATM時間外手数料	NPO法人J.POSH「J.POSHピンクリボン基金」
八十二銀行	エコ定期 「地球の未来」	日本政府に排出権寄付
滋賀銀行	カーボンオフセット定期	日本政府に排出権寄付
八千代銀行	「東京緑の定期」	東京都
みずほフィナンシャルグループ	「WWFカード」	WWFジャパン
	デビットカードサービス	アジア植林友好協会(特定非営利活動法人)(2008)
芙蓉総合リース	PC Eco&Valueリース・レンタル	日本政府に排出権寄付

事例であるが、金融、食品、住宅、家電など様々な業種で行われている。ボルヴィックが成功を収めた２００８年には目新しかったコーズ・リレーティッド・マーケティングも、現在ではマーケティングの一手法として定着してきているといっても言い過ぎではないだろう。

しかし、生活者は形だけの社会貢献かそうでないかは敏感である。先ほどソーシャル・ドリブン・モデルで見た通り、企業と生活者がともに同じ方向を向いていることが重要である。企業がどういう方向を向いているのか、そうした姿勢や意気込みを感じられないものは、生活者は反応しない。

そこで、コーズ・リレーティッド・マーケティングを推進する上でヒントとなる視点が次の３つだ。

ポイント１　「地元愛」を満たすローカライズ社会貢献

Ｂ１グランプリにゆるキャラ。さらにはご当地アイドルからご当地戦隊モノまで。今、地方発のイベント、キャラクターが地域をそして日本全体を活性化している。こうした状況の中、その地域に住む人々の地元への関心は高まっているのだろうか？

全国の18歳から24歳の男女を対象に内閣府が実施している「世界青年意識調査」によると、「今

図表6-5　地域社会の愛着度（第8回世界青年意識調査より）

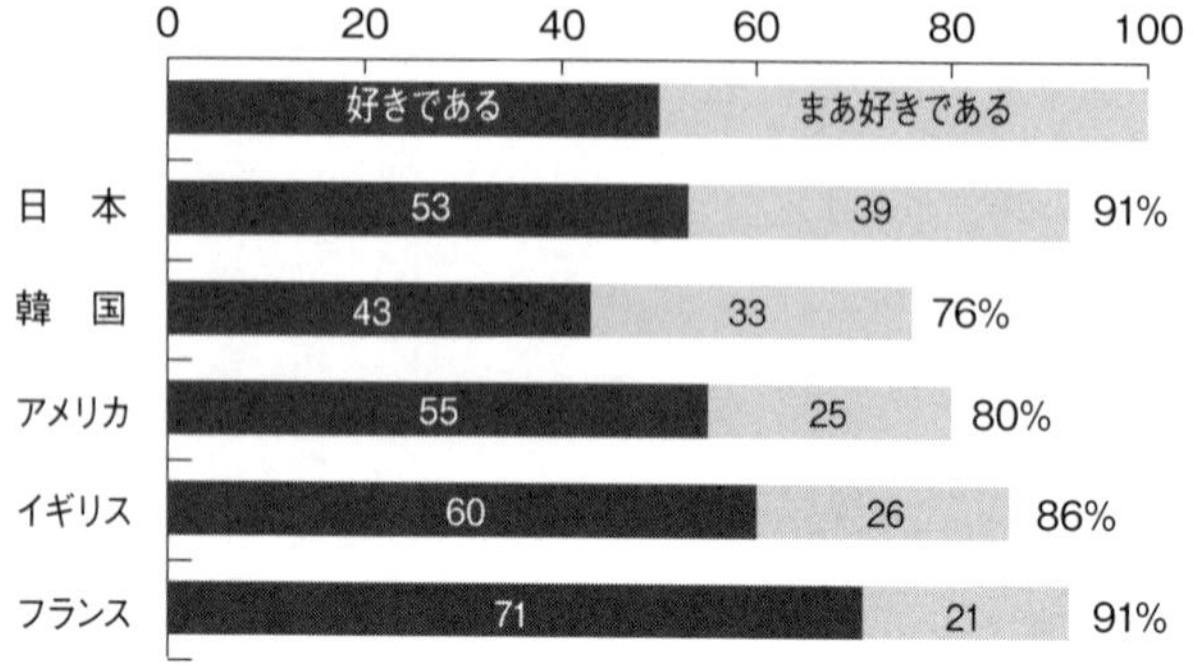

住んでいる地域を好き（「好きである」と「まあ好きである」の合計）と答えた若者は91％に上り、この数値は同時期に実施している韓国、アメリカ、イギリス、フランスの中でフランスと並び最も高い数値である。（図表6－5）

この調査は5年ごとに実施しており、直近の数値は平成19年（西暦2007年）とやや古いものではあるが、前回（平成15年実施）の数値と比べると6ポイント上昇。地元を愛する意識は年々高まっているようだ。

草食男子をいち早く取り上げたコラムニスト深澤真紀氏の著書『平成男子図鑑 リスペクト男子としらふ男子』（日経BP社）が発行されたのは2007年であるが、この本の中にも「仲間を誉めあう地元志向のリスペクト男子」として『「都会に出られなくてしぶしぶ地元で生活している」わけではなく、「地元を愛するからこそ、地元に残って生活している」に変わった』と若年世代の地元志向を取り上げている。職や生活が地域に強く根付いている大人は、生活の基盤である地元をいやおうなく意識せざるをえないが、大学や就職といった節目でまだまだ自由に動ける若者が、地元を愛し、あえて地元に残るという判断をしているのは新しい傾向であろう。

この高まる地元愛を汲み取るのがローカライズ社会貢献だ。人々にとって一番身近な社会は住んでいる街であり、住んでいる街に緑が増える、愛着のある街がより暮らしやすくなるのは誰にとっても嬉しいものだ。消費を通して自分がそうした活動に少しでもそして、無理せずに関わることができるなら、より気軽に商品を購入するだろう。

アサヒビールが２００９年春から実施している「うまい！を明日へ」プロジェクトでは、スーパードライの対象商品１本に付き１円が自分の住んでいる都道府県の環境保護活動などに寄付される仕組みになっており、例えば新潟県では過去５回、新潟県が推進するトキの野生復帰のための活動に寄付された。寄付先を都道府県と分けることで、より身近な地域への社会貢献につなげ、地元愛を満たしている。

総合スーパーなどを展開するイオンが毎月11日に実施している「幸せの黄色いレシートキャンペーン」では、買い物が寄付につながるだけでなく、支援先団体を自分で選ぶことができる点がユニークだ。これは毎月11日にイオンの主なお店で買い物をすると、この日だけ黄色いレシートが渡され、これをお店に設置してあるボランティア団体名の記載されたＢＯＸに入れると、レシート合計金額の１％に相当される物品が寄贈されるというものである。あらかじめ定められた団体や活動に自動的に寄付されるのではなく、支援したい活動を「選ぶ」という主体的な行為が加わることで、より良い街作りに積極的に参加している感覚が得られる。

このように、ローカルな視点をコーズ・リレーティッド・マーケティングに取り込むことは、生活者の身近に社会貢献の機会を生み出すと同時に、地元への愛着を深めていくという意味もある。一方で、企業は生活者と同じ社会に住む一員として、一緒に地元を良くしていこうという姿勢の表れにもつながる。

ポイント2　うれしさをシェアする相手を明確にする

コーズ・リレーティッド・マーケティングは、社会貢献型マーケティングとも言われるが、生活者の気持ちは、「社会貢献」という重々しいものではなく、もっと気軽な「自分がこの商品を買うと、誰かが喜ぶ、誰かの役に立つ」という気持ちだろう。社会貢献したいから水を買うのではなく、水を買うときに、どうせなら誰かのために役に立つ商品を選ぶ、といった感覚のほうが自然だ。そこで重要になるのが、自分の消費が誰のために役に立つのか？　が明確になっていることである。

東日本大震災では日本赤十字に1週間で200億円以上の募金が集められたが、その募金が〝誰に〟〝どのような形で〟渡されるのか？　がその後関心を集めた。今すぐにでも寄付金を役立てて

ボルヴィック１ℓ for 10ℓキャンペーンのビジュアル

欲しい募金者と、被災状況を勘案してから分配する日本赤十字のやり方にスピード感のギャップが生じたのだ。また、支援意識の高まりに乗じて寄付金を騙し取る募金詐欺もニュースになった。こうした寄付の現状を知り、生活者は単に「社会に役立つ」だけで満足するのではなく、自分のお金が誰に役立つのかを気にしている。

ボルヴィックの1ℓ for 10ℓキャンペーンというと、アフリカの男の子が嬉しそうに手を水にくべているビジュアルを思い浮かべるのではないだろうか。もちろん、この男の子に直接お金が渡るわけではないが、自分がボルヴィックを買うことで、遠いアフリカの大地でこのような年齢の男の子や女の子が清潔で安全な水を飲むことができ、笑顔になるということが想像できるだろう。もしこれが1ℓ for 10ℓという言葉だけだったならば、誰かの役に立つという実感はわきにくいのではないだろうか。

寄付や社会貢献は困っている相手がいてこその行為である以上、支援する相手が明確になっていることは重要なポイントである。

ポイント3　著名活動、団体とのコラボレーション

社会課題への想いや支援したい対象が同じであれば、すでに知られている活動や団体とコラボするのも一つの手だ。

すでに取り組むべき課題が生活者に知られているため、企業がどのような課題に問題意識を持っているかがすぐ伝わる。

乳がんの啓発運動であるピンクリボン運動は多くの方が目にしたことがあるのではないだろうか。毎年10月には東京タワーをはじめ都内のランドマークが赤く染まり、また検索ポータルサイトのヤフーのトップ画面もピンクを基調にしたものに変わる。こうしたＰＲ力の高さと〝ピンク〟という色のわかりやすさから、コラボする企業は自社が特別にＰＲ活動をしなくても、ピンクリボンの協賛、支援というだけでどのような課題意識をもって活動をしているかが伝わる。

ただ、著名な活動や団体とコラボするときに気をつけたいのが、支援している活動と事業がかけ

離れていると、単に話題に便乗しているだけでは？　と思われることだ。ただ商品を売りたいためだけにやっているのでは？と生活者に疑念をいだかれてしまっては、せっかくの企業の想いも逆効果になってしまう。

そうならないためにも、社会課題を支援する活動と事業に一見乖離が見られる場合は、なぜその団体を支援するのか伝えていく必要があるし、コラボ相手を選定する際には、単にメジャーだからという理由ではなく、支援したい活動と事業との関連性をしっかり考える必要があるだろう。

「やり方」企業で取り組む

最後に企業よりの活動での「やり方」について考えたい。直接売上げにはつながらず、また生産や製造とも関わらない部分での社会貢献活動にあたる。いわゆる、企業の社会貢献部門やＣＳＲ部門の業務に近いだろう。この領域は〝エシカル〟とことさら意識しなくても、これまでにも社会に役立つ活動を行っているが、いろいろな事例を見る中で、これからの活動に参考になりそうな視点を提示したい。

ブランド単位で考えてみる

通常は企業という単位で行う社会貢献をブランドや事業単位で取り組むというのも考え方としてである。ブランド単位で社会貢献を考える利点は、そのブランドのユーザーについて具体的にわかっているため、より「企業と生活者が同じ方向」を向いた社会貢献活動を行いやすいことだ。ブランドのユーザーとどのような課題を共有し、その解決にむけてアクションすべきかが描きやすい。

また、社会課題を共有し、解決するプロセスを共にすることでブランドへの愛着も強まり、消費行動においても大きな影響を与えることになるだろう。

生活者に社会課題解決の機会をつくる

「社会課題と生活者をつなげる」ことができるのも、この「やり方」の大きな特徴である。

普段、生活者は社会課題への関心は高くても、自分で積極的に世の中の社会課題の情報を集めているわけではない。ニュースで取り上げられたりして初めてその課題に気づくことが多い。生活者と社会課題との情報接点はきわめて少ないのだ。また、課題を知っていたとしてもそのためにどのようなアクションを起こせばよいかわからないと感じている人も多い。

だからこそ、企業が社会課題について生活者に知らせることや、課題解決に貢献できる機会を作り出すことは大きな意味を持つ。これまで見てきた企業や商品の「あり方」やコーズ・リレイティッド・マーケティングのような「やり方」の場合は、社会課題の解決にむけて大きな推進力を持つ一方、生活者の目にあまり触れなかったり、商品の購買でしか生活者が社会貢献を実感できる機会がないともいえる。

一方、企業のＣＳＲ的な活動では、消費という限られた接点以外でも生活者と企業が協力し、社会課題に取り組む機会を生み出すことができる。そして、利益を直接には生み出さない活動だからこそ、企業の社会課題への姿勢が現れ、そうした〝ふるまい〟が生活者に好意を持って受け止められる。

森永製菓はエンゼル　スマイル　活動という社会貢献活動を行っているが、この活動が２０１１年に東日本大震災に被災した子供たちを支援するために行った取り組みをここで例に挙げたい。

普通に考えると、被災した子供たちにお菓子を届けるというだけでも企業の社会貢献になる。しかし、この活動が行ったのは、都内の子供たちが被災した子供たちに応援メッセージを送るのをサポートすることに取り組んだ。

具体的には、１口１００円の募金をするとカードが渡され、被災した子供たちへのメッセージを書くことができる。そのメッセージとあわせて森永製菓が１００円相当もしくは一定比率のお菓子を同封し、被災した子供たちに届ける。ここでの寄付金は全額ＮＧＯに寄付される。

この取り組みの大きなポイントは非被災地の子供が被災地の子供たちを応援する機会を作り出しているということだ。こうした機会がなければ、被災地の子供たちを直接応援することは難しい。何より、このイベントに参加した子供たち、メッセージを受け取った子供たちは大人になってもこのことを忘れないのではないだろうか。

このように、生活者社会課題に関われる機会を作ることは利益創出にとらわれない活動だからこそできるといえるだろう。

エシカルを企業活動に活かすために

社会課題を見つけるために　――まずは事業に立ち返る

これまで企業がエシカルにどのように取り組むかについて４つの分類で紹介してきた。いずれの形にしても、どのような社会課題に取り組むかが重要である。本章の最後では、この「どのような社会課題に取り組むべきか」について少し検討したい。というのも、どのような社会課題に取り組むか？　を決めるのは難しいからだ。調べれば調べるほど、いろいろな社会課題が世の中に溢れているのがわかり、どれを選べば良いのかその判断が難しくなる。

世界の飢餓問題
動物福祉
プレオーガニックコットンを使った衣類
途上国の衛生環境問題
ハンディキャップを持つ人々の就労支援
着なくなった体操服のリサイクル
レアメタル発掘によるゴリラの生態系破壊
使い終わったてんぷら油の回収と再利用

これらは私たちがブログで取り上げた社会課題や解決にむけた取り組みのいくつかであるが、国内、国外を問わず多くの課題が現に存在している。アースデイなどのイベントに出かけたことがある人であれば、いかに多くの社会課題があり、そしてそれに取り組んでいる団体がいかに多いかを感じるはずだ。

こんなにたくさんある課題の中から、何に取り組めばよいのか?

それを決めるためには、課題というネガティブな切り口から一旦離れ、誰をより幸せにしたいか?というポジティブな切り口でみることが必要だ。

社会課題というとどこか暗く深刻なイメージが付きまとうが、イベントなどに行くとわかるのはそうした課題に向き合っている人は明るく、元気な声を出している。確かにこれまで当プロジェクトでインタビューした人を振り返っても、向き合っている課題を語るときは深刻な表情ではあるが、普段の話しぶりはポジティブなエネルギーに溢れている人がばかりであった。その原動力になっているのは自分が向き合う人たちが現状から脱し、よりハッピーな姿に変わっていくのを見守ることのようだ。

こうした視点で考えると、「企業がどのような社会課題に取り組むかべきか?」という問いは、「どうすれば、自分の企業に関わっている人たちや地域がより幸せになれるか?」だったり、「自分の企業の得意分野を生かして、幸せにできる人はいないだろうか?」という問いかけに変えることで考えやすくなるのではないだろうか? 課題を解決するからといって、身の丈以上のことに挑んでいては、持続的な活動として取り組むのは難しくなるだろう。

そして、企業に関わっている人たちについて最も知っているのは企業自身であるし、自分の企業がどのような環境負荷をかけているのかを知っているのも企業自身であるし、自分の企業が何が得意なのかを知っているのも企業自身である。

先ほど見たとおり、国内外に様々な社会課題が存在している。しかしそれは、逆説的に見ると企業が人を幸せにできる機会がまだまだたくさんあることを意味する。

そうした機会を発掘するためにまずは事業に立ち返る、というスタンスが必要だろう。

課題解決の仲間を作る

最後に、取り組むべき社会課題が見つかったならば、その社会課題を生活者と共有し、一緒に解決に向けて進むよう働きかける必要がある。

社会課題を企業だけの問題、あるいは生活者だけの問題とするのではなく、同じ社会に住むもの同士の問題として「社会ゴト」として共有し、生活者を巻き込みながら一緒に解決を目指していく。課題解決の仲間を広げていくといってもいいだろう。

この事例では、前章で紹介したガリバーのタッグプロジェクトが参考になるだろう。

タッグプロジェクトでは被災地にクルマを提供する際に、現地でのクルマのニーズやクルマの使い方のアイディアを広く募集したが、このように生活者を巻き込むことで、その課題に取り組んでいる人々が〝一人〟だけではなく、〝みんな〟であることが可視化され、「自分ゴト」から「社会ゴト」になっていく。それは、企業と生活者という垣根を越えて、同じ社会課題に取り組む同士としての連帯感を生むことにもつながる。

「よい社会」というものが、「課題のない社会」だけでなく、「何かあったときにお互いが協力できる関係が築かれた社会」と考えるならば、タッグプロジェクトのような企業と生活者が一緒に取り組むという視点は「エシカル」には欠かせないといえるだろう。

●参考文献
・フィリップ・コトラー著　ヘルマワン・カルタジャヤ著　イワン・セティアワン著　恩藏直人 監訳　藤井清美 翻訳「コトラーのマーケティング3・0」朝日新聞出版2010年
・マイケル・ポーター、マーク・クラマー『共有価値の戦略』ハーバード・ビジネス・レビュー　ダイヤモンド社2011年7月号
・『The rise of the 'ethical' MBA student』The Telegraph 2011年4月7日
・マイケル・ポーター『競争優位の戦略』ダイヤモンド社　1985年12月
・プーマ社『プーマ®が新パッケージと商品流通システムを発表』2010年4月19日
・利根コカ・コーラボトリング株式会社『身近な自販機で社会貢献』2011年7月8日
・日本ファンドレイジング協会　編著『寄付白書2010』日本経団連出版　2010年

・内閣府『世界青年意識調査』
・深澤真紀『平成男子図鑑 リスペクト男子としらふ男子』（日経ＢＰ社）２００７年６月
・アサヒビール『うまい！を明日へ！』キャンペーンサイト
・イオン　ホームページ
・ＣＳＲの呪縛から脱却し、「社会と共有できる価値」の創出を　日経ビジネスＯＮＬＩＮＥ　２０１１年５月19日

第7章

エシカルの普遍化に向けて

企業でエシカルが進まない理由

CSR部員の悩み

「オルタナ」が主催する「CSR部員塾」を見学させていただいたことがある。名前の通り、企業のCSR部員や担当者を集め、有識者やCSR先進企業の方々を講師に招き、勉強会を行っている。

お伺いした時の講師は株式会社大和総研の河口真理子　環境・CSR部長で、テーマは「CSRをどう社内外に流布・浸透させるか」。特に「なぜCSRは社内で浮くのか」という企業における微妙な立ち位置についてのレクチャーに時間を割かれていたのが印象的であった。

質疑応答でも、

「マーケティングとCSR活動をどうやったら結び付けられるのか？」

「マーケティング部署や営業部を巻き込むためのアイディア」

「社外に向けたCSRコミュニケーションにおける広報との役割分担」

等々、社内をいかに巻き込めばいいのかという悩みが寄せられた。

出席させていただいたのは、ISO26000が施行されてちょうど1年経った2011年秋。以前ISO26000の策定メンバーの方に話を聞いたときには、

「大手企業や上場企業は、基本的にISO26000を満たしている会社が多い。どちらかといえばこれからCSRに取り組まれる企業に向けた指針です。」とおっしゃっていた。

しかし、この部員塾に集まっているのは、大手企業のCSRに属されている方が多い。「基本的には満たしている」といわれている企業でも現場にはお悩みが渦巻いている。

こんな話もある。

最近、就職氷河期という難関を突破し、入社した若者がほんの2～3年で退職してしまうケースが多いのだという。実際にそうした若者に聞くと、

「自分の仕事が何の役に立っているのか、理解できなかった。」

「もっと社会や誰かに貢献していることを実感したかった。」

と言った声が返ってくることが多い。

オルタナの若手編集部員は、

「仕事が忙しいのはかまわないのですが、その溜まっていくストレスは給与や贅沢では埋められない。お金以外の価値観を大事にしている子が多く意味報酬というか、自分だから必要とされてい

ると実感できることが重要なんです。上司や先輩社員はすでに会社の価値観に染まっていて、相談相手にならない。心の不調を起こしてしまう子も多い。大学の同期にも、新卒で入った会社を辞めていることが多い。」

逆に企業の人事担当者に聞くと、

「面接や入社時に、『社会貢献に携わる仕事がしたい』とか、『CSR部を希望します』と言う子が増えた。しかし企業は利益によって成り立っている以上、最初からそういう部署を希望されると「それは違うんじゃないか」と思ってしまう。まずは営業に行くなり、総務や経理、調達に配属になって、会社や社会の仕組みを理解するのが先だと。」と渋い顔。

この話は、企業におけるCSR部署の微妙な立場を象徴しているのではないか。

CSRコンサルタントから聞く話も大体共通している。

「CSRによって、直接的に売り上げに影響するわけではないので、発言権が弱い。」

「昔のメセナ活動のように、景気後退や業績悪化すると、予算・活動が縮小する。」

「CSRは全部署・全社員にかかわることになのに、CSR部署の仕事になっている。」

「社長自身がCSRをやりたいと思っても、日々数字に追われている社員が納得して参加してくれるのかわからない（ので踏み出せない）。」

コーズ・リレーティッド・マーケティングを実施されているいくつかの企業は、「CSRというより、マーケティングとして、販売促進として、取り組んでいます」と明確に語る。この場合のほとんどは、エシカルに関心の高いマーケターが上申し、マーケティング部署として決裁された後にCSRに知らされる、ということが多いと聞く。価格競争が激化する中、利益を圧迫するコーズ・リレーティッド・マーケティングに対して、社内、特にマーケティング部署で賛成多数なわけがない。前述の王子ネピア「千のトイレプロジェクト」にしても、３割賛成、４割沈黙、３割反対、つまり7割反対だった状況を粘り強く交渉したとのこと。成功したことで、旗振り役だったマーケティング担当が兼任でCSR部の役職者にも任命されたなんて話も聞く。

ということは、マーケティング部署にエシカルへの関心が低ければ、CSRから提案してもけんもほろろ。絶対成功するという理論武装できたとしてもマーケティングへの関与は非常に難しい。

マーケティング活用への抵抗感

かくいう我々も、エシカルをテーマとした企画をマーケティング部門にご提案させていただいても、「そういう案件なら」と、CSR部署へとまわされてしまうことが往々にしてある。利益が削られる割に、販促策としては弱い、効果が薄い、という判断をされてしまうからである。

エシカル提案がマーケティング部署になかなか受け入れてもらえない理由として、もうひとつ感じていることがある。

「近年、社会に貢献したいという意識が高まりつつあります。」

「特に若者の間では社会貢献がカッコいいこととして捉えられています。」

「フェアトレードや応援消費といったエシカル消費が人気です。」

クライアントも、こうした市場背景に実感があり、賛同をされる方が多い。ただ、それを自社のマーケティングに取り入れることに抵抗感があるようだ。

大手企業のPRコンサルを長年続けてこられた、団塊世代の方と話をしていたときのこと。

「君たちのエシカル・レポート、読みました。世の中がこうした方向に向いていることを理解できるし、納得感がありました。

でも、私はそうした活動をマーケティングに活用することには疑問です。どんなにそれがいいことだとしても「売らんかな」と言われることは防げない。私だったら、プレスリリースの前面には出さない、大きく書かない。そうした行為はひけらかすべきものではないと思います。」

この会話で気づいたのだが、「陰徳の美」というべきであろうか、社会貢献を自社のマーケティング、特に販売促進に活用すること自体に抵抗がある人は少なくない。

個人的な感触だが、30代前半から下の世代には抵抗感が少ない。「社会とお客様と企業の間で新たなWIN－WIN－WINが形成できるなら、OKじゃないですか。」という肯定的なリアクションが多い。

逆に50～60代男性から抵抗を感じることが多い。それも一生活者としては寄付つき商品を買っていたりする人が、自社のマーケティング、プロモーションとなると途端にブレーキがかかる。

追記：日経ＭＪの調査によると「社会貢献と収益を両立するビジネスモデルを構築すべきだ」が40％、「企業は社会貢献を通じて企業価値の向上を図るべきだ」が17％と、社会貢献のビジネス性重視派は半数を越えた。一方「利益の一部を社会貢献のために供出すべきだ」31％、「企業は採算度外視しても社会貢献活動に取り組むべき」３％と、慈善活動派は、30％強だった。ビジネス性重視派は20～40代、慈善活動派は50～60代に多いという結果であったと報じている。（出典：２０１２年1月1日付　日経ＭＪ）

この「陰徳の美」的抵抗感を打開するのは相当難しい。たぶん、その企業に培われたＤＮＡによる感覚だろう。ＣＭには自社アピールを盛り沢山に詰め込む企業でも、ＣＳＲに関しては慎ましく報告することにとどめている場合が多い。できればＣＳＲレポートも自社サイトの目立たないところにぶら下げたいのではないだろうか？

マーケティングとCSRの融合

震災をきっかけとした新たな取り組み方

2011年夏、積極的に企業のCSR推進を行っている日本財団主催「東日本震災復興支援に関する企業の取り組み」をテーマとする講演会にて、笹川陽平会長は、

「これからはCSR部の中に広報・宣伝機能が入る時代が来る。」という趣旨の発言をされた。現状CSR部署の多くは、広報と同様、総務・経営企画系列の部署であり、宣伝はマーケティング部門に属することが多く、いわゆる求められている結果が違う。しかし、よりエシカルな時代になっていくほど、また効率化を進めていくほど、対外的なコミュニケーションを一元化する動きが企業において顕著になっていくと示唆された。

この後紹介された（前述の）ガリバーはまさしく、マーケティングと宣伝、広報、CSRも、生活者・顧客とのコミュニケーションを図るものという考えから、さまざまな機能が一体化した組織と報告された。

第5・6章でもご紹介したが、ガリバーは被災地支援として寄付用の中古車1000台の内の200台分の使い道をネット上に開設した会議室で広く募集する「ガリバー×タッグプロジェクト」を行った。

このプロモーションの担当されたマーケティングチームリーダー北島昇氏は、講演で語った。

「ガリバーでは、コミュニケーションセクションの中に、マーケティングから、広報、CSR、宣伝、さまざまな機能をすべて集約しました。その時々のマーケティング課題にして、最も何が有効化を考え、集中的に人と予算を投下できるようにするのが狙いです。

車の寄付は、ただ車を差し上げるだけではダメで、ナンバーがないと走れません。このプロジェクトはレンタカーではなく案件ごとに様々な期間で提供するため、その都度登録しなければなりません。登録料や税金等登録に必要な経費と工数を考えると、結構な負担になります。

しかし、ガリバーらしく被災した方々を支援できることは何かを考え、また弊社の知名度や企業イメージ向上の一環であると捉え、この活動に多くのマーケティング予算を割り振りました。」

東日本大震災後、さまざまな企業が復興支援を行った。それは企業責任というより、各企業の社員が一生活者として、「何とかしないと」という想いが動かしたと思う。その企業が出来ること、すべきことを短時間で熟考を重ね、的確な支援がさまざま行われた。

その中であえてガリバーの事例を紹介したのは、自社活動に、最初から生活者が持っている情報やアイディア、気持ちを巻き込んだこと、それによって、活動自体に多くの共感が集まり、自社のマーケティングとして活用できたからである。

『欲求の5段階』を唱えた米国の心理学者マズローは、晩年第6段階があると考えていたという。「生理的欲求」、「身の安全欲求」、「所属欲求」、「自尊心の欲求」、「自己実現欲求」の5段階の先に、第6段階の「自己超越」があるいう。この『自己超越』に対する解釈の中で、これを「コミュニティの発展欲求」と捉えるという説がある。「自己超越」に含まれる利他的要素を、地域社会、企業や国家そして地球全体など、自分が所属するコミュニティ全体の発展を望む欲求とする考え方である。この説に基づけば、今回の震災によって、同じ国の中に第1〜2段階を求める被災者が大規模に発生したことで、すみやかに自分事化ができ、第6段階に到達したといえる。

ガリバーの取り組みは、その要請の信憑性や優先度など、寄付先の選択にリスクを抱えている。ただ、被災地・被災者への支援は、「国や行政にお任せ」にできず、自分に出来ることをしたいと強く思った人は少なくない。「ガリバー×タッグプロジェクト」は、その第6段階欲求に応え、多くの賛同を得られたのではないか。

今日、生活者との共感を伴う情報でなければ、流布されにくく、人の記憶にも残りにくい。ソーシャルメディアの普及が進むほどに、「共感創造性」を持つテーマや仕組みが求められている。

第6章でも触れたとおり、「社会課題提議」が今後企業の役割として、ますます重要になる。生活者を巻き込み、共感をモチベーションとした認知拡散を促す仕組みづくりは、これからの社会貢献活動やＣＳＲに必須要件となるのではないか。

同社は１９９４年に設立した若い企業である。今回の「ガリバー×タッグプロジェクト」による共感は新興企業ではなかなか手に入りにくい信頼や、距離の近さを醸成するだろう。同社にとって平時のコミュニケーションでは得がたい、大きな価値をもたらすはずだ。

「陰徳の美」の終焉

マイケル・Ｅ・ポーター教授の論文『Creating Shered Value（２０１１）』では、従来型ＣＳＲ（狭義）を「企業活動から生じる悪影響を緩和する取り組み」として、「守り」の活動と定義した。これに対し、教授自身が２００６年に提唱した「戦略的ＣＳＲ＝攻めのＣＳＲ」を発展させ、「社会課題の解決と、企業の利益、競争力向上を両立させる取り組み」として、ＣＶＳと名づけた。今後の企業課題は社会問題とイコールであり、その取り組みは結果として、経済的な成功をもたらす新たな方法であるとしている。ゆえに、ＣＳＲやフィランソロピー（社会貢献活動）とは違う次元の活動であると唱えている。

インタビューでポーター教授はこう語っている。

「CSRが戦略と分離しては意味がない。名声が高まるのはよいが、それを目的にするようでは、社会に大きなインパクトをもたらせず、利益にもならない。企業の利益につながり、社会的にも新しい価値を生み出すには『共有価値の創出』が重要だ。それがCSVだ。CSVは、資本主義の本質を変えながら、利益を生み出していく企業活動だ。」（出典：日経ビジネス2011年1月3日号）

では、「企業の利益につながり、社会的にも新しい価値を生み出す」CSVにどのように取り込むべきか？ 過去、マーケティングの4Pには、様々な新たな「P」が加えられ、新5P、新6Pといった試行錯誤が繰り替えされてきた。新たな「P」として、People（人材、または顧客）、Process（過程）、Public opinion（世論）等々、挙げられてきた。

ではCSV時代の新たな「P」とは何だろう。

「Purpose（目的）」

NPO法人「TABLE FOR TWO International（TFT）」の代表である小暮真久氏著の『「20円」で世界をつなぐ仕事』でも書かれている、新しい「P」である。

TFTは「2人の食卓」の意味する、先進国の10億人の肥満と途上国の10億人の飢餓という食の不均衡是正のため、食事を分かち合うというコンセプトのNPOである。

TFTが提供するガイドラインを満たすメニューや食品を購入することで、1食につき20円の寄付金が、ウガンダ、エチオピア、ケニア、タンザニア、ルワンダの学校給食になる仕組み。20円とはこれらの国の給食1食分の金額だそうだ。ＴＦＴは、コンビニエンスストアのお弁当や企業の社員食堂から参加できる。２０１１年末時点で、参加企業・団体数は４６０。アフリカでは累計で1０００万食を提供し、1年間給食を食べられる児童の数に換算すると４８５００人へと年々拡大している。

社会的企業とは社会課題解決を目的として、同時に利益を上げている企業や団体をさす。サスティナブルに利益を上げなければ、解決のための資金に事欠き、かつ経営者、従業員とも干上がってしまう。今までご紹介したマザーハウスやＨＡＳＵＮＡ、そしてＴＦＴは社会的企業の好例だ。しかしこれは社会的企業にしか出来ないことなのか？　日本企業のミッションや理念を見る限り、社会課題に応えるために起業した、社会的企業であり続けることが存在意義であるといった論旨が書かれているはずだ。

ＣＳＲコンサルティングの株式会社クレアンは「ＣＳＶの本質は、短期利益志向に傾きすぎた企業経営のあり方を、本来のあるべき姿に戻すことにある。企業理念に社会への貢献を謳っている企業は多い。それを実践することが、企業の本質的役割であり、長期的に成長するために必要なことである。企業の中にあっても、社会に貢献したいと考える人は多くいるだろう。単に企業の利益のために働くよりは、より大きな大儀のために働くほうが、人はやりがいを感じるはずだ。」と解説する。

日本経団連の社会貢献委員会の共同委員長であり、経団連1％クラブの会長も務められている、株式会社損害保険ジャパン（損保ジャパン）の佐藤正敏会長も「これからは守りのCSRから攻めのCSRへ」と語られた。

「税金を納め、雇用を守る。コンプライアンスを遵守し、リスク管理を行う。これらをキッチリやっています、というだけですむ時代ではない。地球環境や貧困といった目の前にある社会課題に対し、企業も一緒に戦っていかなければならないのです。そして攻めのCSRは従業員の誇りを生み、モチベーションにつながります。」

あなたが取り組んでいる、取り組もうとしているそのプロジェクト、活動、商品、サービスはそもそも何のために企画されたのか？　CSV時代のマーケティングとは、一企業のマーケティング課題解決ではなく、その企業の事業が関与する、関与できる社会問題解決へシフトする。技術発でも、マーケティング発でもない、社会課題発のマーケティングを目指すことになる。そして、残りの4Pはその「目的」の達成に向けて設定される。

企業が本来の社会的企業であることに立ち返り、CSVを進めるほどに、「陰徳の美」は死語になっていく。なぜならば、「Purpose」を伝達しないことは、そのプロジェクトや商品・サービスにとっての意義・役割、そして機能・効能といった肝を伝えなくなることと同様だからだ。

今後、「Purpose」なしでは、生活者からの共感も拡散も期待できない。従業員のモチベーションも得られにくい。もっと社内外からの共感や称賛や感謝による「意味報酬」を受け取ってもらおうではないか。ＣＳＶを目指すことは、「陰徳」から「顕徳」への意識転換を促す。「顕徳」とは、世の中に自社の活動を提示し、理解や共感を得ることである。ＣＳＲや社会貢献活動の達成目標をはっきりさせ、意義や成果をより明確にすべき時代なのである。

差別化が阻害要因？

成功事例を隠すことの功罪

第3章では、弊社サイトにて公開している「エシカル実態調査」を再編集させていただいた。２０１０年に第1回調査データをネット上で開示して以来、メディアや学校、研究所、企業など様々な方から、調査に関するお問い合わせをいただいた。「エシカル」の認知度だけでなく、社会貢献意識やエシカルやソーシャルな消費状況など、関心は高いようだ。

「ＣＳＲ部員塾」でも、ＣＳＲが誰に共感を得られ、企業にどんな効果をもたらしているのか、データが欲しいと言う声が聞かれた。欲を言えば、その活動を始める前の目標値と達成状況と評価、つまり事例におけるKPI（重要業績評価指標）への関与度を知りたいというニーズが多かった。このニーズが生まれた要因は特に本章の冒頭に書かせていただいた、他部門巻き込みのために必要とされている。他社の成功事例（願わくば失敗事例も）を聞きたい人はいっぱいいる。

ボルビックの「1ℓ for 10ℓ」は、毎年目標値から寄付金額、寄付金によって実施された具体的支援活動で達成できた実績（水の供給量や井戸の数など）した詳細に報告がなされている。また販売実績についても前年比の数字が公表されている。

寄付つき商品を発売している多くの企業から、支援実績、寄付金の行方はきちんと発表されているが、マーケティング効果まで公表されることは少ない。この公表されないことが、実はCSRのあいまいなポジションを生み、CSVの普及を阻んでいる要因ではないか？社内説得の際に事例は紹介できても、実績データを提示できないのは、「社会的意義はわかるけど、本当に販売効果あるの？」と疑念を持つ上司、役員たちに対しては不利だ。それができずに努力むなしく、陽の目を見なかった企画は多いのではないか。

コトラー教授は、「優れたミッションとは、消費者の生活を変える新しいビジネス観を打ち出すということ」と説いている。ボディショップを創業した故アニータ・ロディックは、それを「Business as Unusual（今までとは違うやり方）」と呼んだ。いつの時代も「違うやり方」は、矢面に立たされ、理解を得られるまでに時間を要することはご承知の通りだろう。それが起業であれば自分次第だが、企業においては、総論賛成、各論反対という「結局は反対なのね」という状況に陥りやすい。エシカルなプレーヤーを増やすために、先駆者企業には、是非ＣＳＶの効果を公表して欲しい。

書籍「マーケティング３・０」においても、論文「ＣＳＶ」においても、「社会中心の考え方」にシフトすることによって、他社との差別化が図れるという趣旨のことが書かれている。もちろん利益を生む源泉として差別化は重要だ。しかし、差別化を大切にするが故に、新たなプレーヤーの参入を妨げていないだろうか？「社会をよい方向に導くための活動」であれば、未だプレーヤーが少ないことを憂うべきであり、他社参入を恐れてはいけない。関心層を多く巻き込むためにはもっと機会創造、商品・サービスの拡充が重要だ。

差別化とは他社排他ではない。「競争力のつけ方、持ち方である。」競うべきポイントは、生活者に共感を生む「新しいテーマ」探しや、生活者の巻き込み方であり、「エシカルマーケティングへの参入阻止」ではないはずだ。

エシカルとは差別化のための道具ではない。エシカルとは様々なプレーヤーが、社会課題解決に取り組み「よりよい明日」へと進むための戦略である。もっと「成功体験」をシェアすることが、重要なのだ。

明日を共創するアプローチ

共生、そして共創の時代へ

あらいぐま「エシカル」。

名作のパロディ・キャラクターは、深夜のアニメ番組で登場した。2011年4月から同年10月まで日本テレビ系列で放映された「ユルアニ」という、講談社で連載されている人気マンガのパロディがオムニバス形式で展開。この中のひとつに「汐留ケーブルテレビジョン」というシリーズがあった。

テレビクルーが自動車会社に取材に行くと、少年とあらいぐまが清掃員兼倫理判定担当として働いている。あらいぐまは潔癖症で、汚いお金のもうけ方が嫌いなので倫理判定に向いているという。そこに一人の社員がある取引が倫理的に正しいか、お伺いを立てる。資料を破り捨てるあらいぐま。理由は「この素材メーカーの担当課長は、奥さんが出産で実家に帰っている間に、新入社員の元ミスキャパンスと1泊の温泉旅行に行ったから、エシカルではない。取引をやめるべきだ」という。

それ以外にも、1時に遅れて昼飯から戻ってきた社員や、お菓子を持ち込む女子社員を注意する。テレビクルーの一人が「こんなに厳しいのはいやだわ」と発言するが、同社は言い訳が出来ない倫理違反を防ぐには細かいことに目を光らせる「割れ窓理論」が大事と言う…。

このアニメを日経新聞の石鍋氏に紹介したところ、次の趣旨のご意見をメールでいただいた。

「日本で「エシカル＝倫理」というと、普通はアニメにある通り、個人的な道徳、心の持ちようの問題と捉える、という点が改めてわかり、逆に新鮮でした。

欧米における『倫理』とは、たとえば神との契約に基づくものであり、国家や社会を含めた共同体の維持や最後の審判につながる感覚に近いと思います。これに対し、日本人にとって理論とは『世間の目』です。社会のサステナビリティーとはちょっと違うのかも。日本で普及させるには、もう一段階の変換が必要なのかもしれません。」と書かれていた。

この石鍋氏のメールは、「日本におけるエシカル」を考える上で、重要な示唆を与えていただいた。日本におけるエシカルは、ＫＹではないが所属するコミュニティに対する配慮から、「社会課題解決への関与＝コミュニティの発展欲求」へと、ステップアップを意識すべきではないか。

すでに生活者はもう孤立した個人ではない。ソーシャルメディアによって、知り合いの知り合いの知り合い、というネットワークで、互いにつながりあうことが可能である。個人が知りえた有益な知恵・知識を共有することができる。

「ガリバー×タッグプロジェクト」で、問題解決のプラットフォームとなったウェブサービス「Blabo!」は、一人一人がアイディアを持ち寄って課題を解決するオンラインワークショップコミュニティだ。「アイデアのチカラで、日常を素敵にするソーシャルチャレンジコミュニティ」というコンセプトを掲げ、グリーンメディアである「greenz.jp」の読者を巻き込むカタチで始められた。立ち上げて2年で、幅広いジャンルのユーザーが参加している。

「世の中には無数のアイデアを持っている人がいる。しかし、そのアイデアを持った人と、アイデアを必要としている人が出会えていない。このような現状を変え、一人一人がもっと活躍できるプラットフォームをつくりたいと考えたのが、Blabo!を立ち上げたきっかけです」と、株式会社Blabo の坂田直樹代表は語った。

「立ち上げて2年間で様々なことができたのには、社会の要請が大きく影響していると思います。日本は「課題先進国」です。地震や大雪、台風等、地政学的な自然災害や、社会問題など企業単体で解決できないことが増えてきています。そうした社会的な課題に対し、生活者と問題意識を共有し、共創をしていくことが、いま求められているのです。そのプロセスを通して、企業は生活者と仲間になり共感される企業となります。

また生活者にとっても気軽に参加し、ソーシャルグッドに関与できること、自分のアイデアが、社会にインパクトを出せる場として支持を得ています。

そして大事なことは、机上の空論で終わらせず、集めたアイデアを企業がしっかりと実現することです。そのためにもBlabo!は世の中を変えていきたいと考え、実行している企業とタッグを組んでいます。また私たちはクライアントと呼ばずにチャレンジャーと呼び、プロジェクトのこともチャレンジと呼んでいます。私たちはそんなチャレンジャーのパートナーとなりたいと考えています。ただ、日本企業の実現力はすごく高い。だから社内だけで考えて行き詰まってしまうのではなく、アイデアをもっと広く集めた方が、より良い結果をもたらすと信じています。」

生活者と企業が共創する機会は増えていくことで、「配慮からの発展」へと進むであろう。Blabo!のような気軽に参加できるインフラを企業はトライアルして欲しいし、我々生活者も積極的に参加することが、明日を変えていくための推進力となる。

マザーハウスでは、お客様を巻き込んだ新たな商品作りにチャレンジしている。11年5月から開始した「お客さまとつくる商品企画会議」プロジェクトである。生活者をプロシューマー（生産消費者）として商品企画に参加させるこの試み、公募したお客様から理想のビジネスバックをヒアリングし、ラフスケッチをつくり、webで投票を実施。1位になったデザインのサンプルを作り、再度お客様との座談会を通じて、修正し、完成させるという、手間と時間をかけて、感情的価値を育て上げていくのである。

「男性にとって、バッグというのは思い入れのある、語るべきこだわりを持った商品です。ただ

マザーハウス

バッグというのは想像以上にバランスの難しい商品なので、お客様の要望を全て取り入れることはできません。できないことはできないとはっきりお話しします。そうした制約の中でも様々なアイディアを出していただけました。また、Web投票も約500名の方々に参加していただけました。Webでプロセスを全て公開したので、お客様と一緒に練り上げたストーリーが詰まったバッグです。Zadan Business（ザダン・ビジネス）と名付けました。おかげ様で販売も好調です。第2弾として、男性用財布の商品企画を実施しています。」

共創とは、C・K・プラハード教授が2004年に提唱した。著書の『価値共創の未来へ―顧客と企業のCo-Creation（武田ランダムハウスジャパン・2004年）』において、企業は顧客の声を聞いてそれを生かすという企業主体の考え方から、顧客と一緒になって価値を生みださなければ生き残れないと説く。「企業主体の価値創造」から「顧客中心の価値共創」の時代へという新しいパラダイムを提示している。

企業は生活者と対話する機会を創造し、生活者は、社会課題のために積極的に参加する。それにより、生活者は、より自利で、より利他な、商品、サービスを享受することができるのだ。自分が「徳×得」する機会を利用しない手はない。

企業活動を社会課題中心主義へと転換し、マーケティング戦略の頭に「Purpose」に据えること、その解決に向け、生活者に参加する機会を与え、共感を生み出し、拡散してもらうこと。これら「共感」と「共創」を提供できる企業こそが、今後サスティナブルに支持されていくと考える。

われわれはこれら一連のアクションすべてが「エシカル」であるために必要なことだと捉えている。支持される「エシカル」にはプロセスが不可欠であり、その結果、自他両者に生み出される価値である。

エシカルとは、**「明日を共創するアプローチ」**である。

●参考文献

・フィリップ・コトラー著　ヘルマワン・カルタジャヤ著　イワン・セティアワン著　恩藏直人 監訳
藤井清美 翻訳「コトラーのマーケティング3・0」朝日新聞出版2010年
・C・K・プラハラード著　ベンカト・ラマスワミ著　有賀裕子訳「価値共創の未来へ」（武田ランダムハウスジャパン・2004年）

おわりに

細田　琢（ほそだ　たく）プロデュースセンター

We make a living by what we get, but we make a life by what we give.

イギリスの政治家、ウィンストン・チャーチルの言葉です。本書を執筆している最中に出会いました。日本でも「得る」ことではなく、「与える」ことによる喜びや満足感が普遍化しつつあります。翻って、自分はこれまで何か提供できたのか。エシカルが消費の記号から価値観へと転換する一端を本書が担えれば僥倖です。

山岸　浩之（やまぎし　ひろゆき）コミュニケーションデザイン局（以下メンバー同局所属）

「なぜ広告代理店が、エシカルを研究しているのですか？」よくお会いする方にそう聞かれます。確かに本業とは異なりますし、自分もキャンペーンや広告の企画部門に所属しています。でも、だからこそ次代のキーワードに鋭敏でなければと思います。エシカルは既に不可逆的な潮流でしょう。また、ある方に「エシカルの目的は一つ。でも、取り組む手段はいくつあってもいい」と教えて頂きました。自分ができるエシカル、この本もそのひとつとなればと願っています。

増田　裕幸（ますだ　ひろゆき）

エシカルが縁で出会う方々に共通している点は、ひたすら「ポジティブ」であること。実はこの要素こそ、第一回調査後にエシカル普及のために不可欠として挙げたものでした。今まさに、彼女ら・彼らの奮闘ぶりが紹介されるたび、そのポジティブなオーラに乗って、エシカルへの共感が人から人へと伝播しています。その連鎖がさらに拡がり、特別なことではなく当たり前の価値観として、エシカルが定着する日が来ることを信じてやみません。

山岸　卓矢（やまぎし　たくや）

以前、ある社会起業家の方がエシカルとは？という問いに対し、「『いただきます』や『ごちそうさま』のように関わった全ての人や生物に謝意を示すあたりまえのこと」と言っていたのを聞いて、自分の中でもやもやしていた「エシカル」という言葉が妙に腑に落ちたことを思い出します。「エシカル」と聞くと今までになかった新しい概念のように感じますが、実は以前よりあった当たり前の感覚なんだなと。この本を読んだ方にエシカルが特別なものではなく、身近にある当たり前の感覚と気づいてもらえれば幸いです。

松本　涼子（まつもと　りょうこ）

第5章を担当させていただきました。商品や活動の取材を通して、様々な方に熱い想いを伺えたのが何よりの収穫です。社会意識の高まりが利他的な行為を生み出す一方で、「べき論」を笠に着た押し付けにもなりかねない気がしている今日この頃。社会の課題を感じ取り、それを解決したいと思い、実際に行動に移した方たちの声に触れるきっかけを得て、まず自分がどう感じ、どうしたいのかに立ち返らなければいけないと思いました。教訓。まず自分より始めよ。

澤内　絢子（さわうち　あやこ）

エシカルに決まりきった型など存在しない。その人や、その企業の意思で、自由自在に変化できる生き物のよう。取材を通じ感じたことは、社会への意識や人のつながりが生むソーシャルグッドな行動は、必ずどこかで花を咲かせ、実を結ぶ。エシカルはその種となるものなのかもしれない、ということ。この本が、その種を育てるきっかけとなれば幸いです。

エシカルについてもっと知りたい、という方からのご連絡をお待ちしています。
mailto:ethical@delphys.co.jp まで、お気軽にお問い合わせください。

本書を出版するにあたって、多くの方にお世話になりました。

取材に応じていただいた皆様、貴重なアドバイスをいただいた方々に感謝しております。

鴻野亜弥子氏、大野亜都男氏、牧山伸夫氏、中間大維氏、大地剛史氏、猪鹿倉陽子氏、高橋遼氏、吉田広子氏、秋山和久氏、紅野正彦氏、小郷敏正氏には多大なご協力をいただきました。

また本書の企画では、産業能率大学出版部　福岡達士氏、坂本清隆氏に、大変お世話になりました。

この場を借りて、深く感謝を申し上げたいと思います。

二〇一二年二月

デルフィス　エシカル・プロジェクト

編著者略歴

デルフィス エシカル・プロジェクト

トヨタ自動車グループ100%出資のマーケティング会社である
株式会社デルフィスの社内プロジェクトチーム。
エシカルに特化した調査研究やエシカルビジネスのコンサルティングに従事。

e-mail　ethical@delphys.co.jp
Web　http://www.delphys.co.jp/ethical/index.html
Facebook　ethical.Dephys
twitter　ethicaldelphys
blog　http://ameblo.jp/helloethical/

まだ"エシカル"を知らないあなたへ
―日本人の11%しか知らない大事な言葉　〈検印廃止〉

編著者　デルフィス エシカル・プロジェクト
発行者　田中 秀章
発行所　産業能率大学出版部
東京都世田谷区等々力 6-39-15　〒 158-8630
（電話）03（6266）2400
（FAX）03（3211）1400
（振替口座）00100-2-112912

2012年3月16日　初版1刷発行

印刷所　日経印刷　製本所　日経印刷
（落丁・乱丁はお取り替えいたします）　ISBN 978-4-382-05665-7